Javaで初等力学シミュレーション

コンピュータと対話する15日間の冒険の旅

上田 晴彦
Ueda Haruhiko

プレアデス出版

はじめに

理工系学部に入学した大学生が戸惑うのは，教科書の難しさであろう。大学の教科書は厳密性を重んじるため難解であり，わかりやすさを前面に押し出した大学受験参考書とのギャップに，多くの大学新入生は悩む。例えば大学の初年次で学ぶ初等力学の内容は，高校での学習内容と大きく違わないので，本来ならもう少し気軽に取り組める題材のはずである。しかし厳密性を重んじようとすると，高等学校で学んだ単純な代数式を微分方程式の形に直していく作業が入ってくる。そしてその過程で積分や座標変換などの複雑な計算に出会い，つまずいてしまうのである。

厳密性を保ちながらも難解さを回避する方法の 1 つとして，コンピュータを使った数値解析の利用がある。数値解析の本質は，微積分などの難しい概念を四則演算（足し算，引き算，掛け算，割り算）に置き換える作業である。大学物理では高校物理での簡単な代数方程式を微分方程式に置き換えるが，それをさらに四則演算に置き換えることで再度やさしい問題設定に戻すのである。これなら厳密性を損なわず，かつ多くの学習者にとって理解しやすいものとなるのではないだろうか。

本書は初等力学を題材にしたシミュレーションの入門書である。初等力学およびプログラミングについては初歩から解説しているため，高等学校卒業程度の力学の知識があれば本書を読破することは可能である。また入門書という性格から，掲載しているプログラムもシンプルな形にとどめるという教育的配慮もおこなっている。本書は初等力学を通してプログラミングを学んでみたいと考えていたり，初等力学やプログラミングを学んでいる（または学んだ）ものの理解が足らないと感じている大学生・社会人に最適である。

本書は 15 日間におけるコンピュータとの対話によって，構成されている。ガリレオは対話形式で力学の本質を伝える『新科学対話』を晩年に書いた。本書がコンピュータと対話する現代版の『新科学対話』となることを，著者として期待している。

目次

第1章　冒険の旅を始める前に

1日目

これから皆さんは，コンピュータと初等力学について対話する 15 日間の冒険の旅に出る。今日は初日なので，冒険の前に知っておいてほしい事柄について簡単にお話しする。特に学習内容が重複しているにもかかわらず，なぜ初等力学が高校物理に比べて難しいと感じるのか，プログラミング教育がなぜ大切なのか，についてやや詳しく述べる。また今後必要となるコンピュータにおける数値表現についても，簡単に論述する。さらに Java を利用した，コンピュータとの初歩的な対話を試みる。

1.1節　冒険の旅に向けての準備

1.1.1　初等力学の難しさ

初等力学（または**ニュートン力学**）とは，アイザック・ニュートンによって構築された物理学の体系のことである。初等力学は絶対時間と絶対空間を前提とした上で，ニュートンの 3 法則及び物体に働く力を基礎として構築されている。身の回りの現象から天体運動にわたる広範な力学現象を統一的に説明することに成功しているため，その応用範囲は多種多様である。初等力学はすべての物理学の基礎であり，まずは初等力学をマスターしたうえでそれぞれの専攻分野に応じた科目を学ぶ，という教育体制が大学でとられている。そのため初等力学をマスターすることは，理工系学部に所属する多くの学生にとって必要不可欠である。

初等力学の内容の多くは，既に高校で学習済みの事項である。そのため大学新入生にとって取り組みやすい科目だと思われるかもしれないが，実際には大多数の人にとって難解な科目となっている。高校物理から見て大学で学習する初等力学には，3 つの難しい側面がある。初等力学の学習を始める前に，これらの困難を順に見ていくことにしよう。

初等力学の学習者がまず面食らうのは，数式が複雑なことである。高校物理では速度・加速度などの基本的な量はv, aという変数を用いて表現されており，運動方程式は $F = ma$ という代数方程式として認識されている。しかし初等力学ではこれらは$dx/dt, d^2x/dt^2$と微分の形で表記され，運動方程式も$F = md^2x/dt^2$という微分方程式であるとの認識がなされる。代数方程式を解くことは比較的楽であるが，微分方程式を解くことは一般にはかなり難しい。そのため初等力学の学習の大部分が，微分方程式を解いて解を求める数学的作業に費やされる。そしてこのことが，学習者の理解を困難にするのである。

次に困難となるのが，適切な座標系を設定する訓練の難しさである。物理学においては，与えられた問題に対して適切な座標系を設定するという作業が必要となる。初等力学においても同じで，例えば惑星運動を解く際には極座標を利用すると見通しがよくなるし，逆にそのようにしないと解くのが困難である。初等力学は最初に学ぶ本格的な物理理論であるため，与えられた問題に対して適切な座標系を設定する，異なる座標系間の変換を素早くおこなう，という訓練を受けなければならない。このような訓練は高校物理では必要とされなかったため，初等力学を難しくしている原因の一つとなる。

最後に問題となるのが，高校と大学の学びの姿勢の違いであろう。高校においては，授業がゆっくり丁寧におこなわれる。教科書や学習参考書も読みやすさに重点が置かれた記述がなされているうえ，学習塾や予備校など学校外の学びの環境も整っている。一方大学においては，大教室でおこなわれる一斉授業での講義の進度は早く，講義をただ座って聴いているだけではその内容を理解することは難しい。指定された教科書を自宅で読んでも高校時代の学習参考書に比べ不親切に感じ，挫折してしまうかもしれない。大学の勉強で求められているのは，能動的な学習である。教科書が合わないと感じたら，自分にあった副読本を見つけ読む必要がある。その上で適切な問題集を探し問題演習をおこなうことをしなければ，すぐに授業から取り残されてしまう。初等力学は能動的な学習が必要とされる代表例であり，授業内の学びはもちろん，授業外の積極的な学びが大切である。能動的な学習態度は高校段階では必ずしも求められていないことも，初等力学の学習を困難と思わせている原因となるのである。

1.1.2　プログラミング教育の重要性

先に上げた初等力学の学習の難しさは，今も昔も変わっていない。しかしコンピュータを利用すると，上に挙げた困難は回避できる。コンピュータで微分方程式を解く場合，微分方程式は差分方程式，つまり四則演算に置き換えられる。またどんな形の微分方程式でも，その解き方は一通りである。つまりひとたびプログラムを書いてしまえば，その後はそれを使い回せるのである。さらにコンピュータで処理する場合，ほぼすべての問題で直交座標のみを必要とするので，座標変換の煩わしさから開放される。さらにプログラムを書くことは能動的な学習につながるため，知らず知らずのうち積極的な学びができている。逆にコンピュータを利用する欠点は，プログラミングの知識が必要となることである。しかし現在の理工系学部の学生にとってプログラミングの知識は必修であり，その学習は避けることができない。困難を避けるために新しい困難を呼び込むのであれば問題であるが，理工系学部学生に必修の知識であるプログラミングを利用するのであれば，問題となることはないと信じる。

ただし現時点で困難として残るのが，学びやすい環境の提供であろう。初等力学やプログラミングに関する教科書は初学者用から本格的なものまで多数出版されており，学習に困難を感じることは無いであろう。初等力学に関する演習書，アルゴリズムや数値計算に関するプログラミングになると，書物の種類は徐々に減っていく。さらにシミュレーションの教科書ともなると難解なものが多く，大学 1〜2 年次で手が出せるものはほとんど存在しない 。数少ない良書もその多くが絶版となってしまっている上，プログラム言語も Fortran 等の古いタイプのものが使われており，現在の学習環境から考えて不都合である。このような理由のため，シミュレーションは 4 年次の卒業研究でおこなうことが多いが，この楽しみを卒業研究まで残しておく必要は無い。プログラミング教育を早期に導入している世界の趨勢から考えると，日本の学生たちが早めにこの魅力的な分野に触れることは重要だと確信している。本書は，これまで手薄だった大学 1〜2 年次レベルの初等力学に関するシミュレーションの書物である。

現在の世界各国では，初等・中等教育の段階でプログラミング教育の必修化やカリキュラム導入の動きが活発化している。しかし日本ではコンピュータ教育の内容が，アプリケーションソフトの使い方など道具としての利用にとどまった状態が長らく続き，プログラミング教育の必修化が遅れた。また学習時間も先進的な取り組みをしている他国に比べ少ないため，大学入学時においてプログラミング能力の面で大きく水をあけられている。本書は大学 1〜2 年次の段階で一気にシミュレーションまで到達することで，この差を逆転する目的で書かれている。

道に迷うことが無いよう，ここに本書での冒険の旅の見取り図を挙げる。冒険は 15 日間（各章が各日に対応している）であるが，初日と最終日は旅に出ないので実質 13 日間である。冒険は第 2〜3 日の運動学，第 4 日のニュートン力学の原理，第 5〜9 日の質点の力学，第 10〜11 日の質点系の力学，第 12〜14 日の剛体の力学の順に巡っていく。そして各訪問先で，様々なプログラミングに関する知識を身につけていく。それではコンピュータを対話の相手として，楽しい旅を続けてみよう[1]。

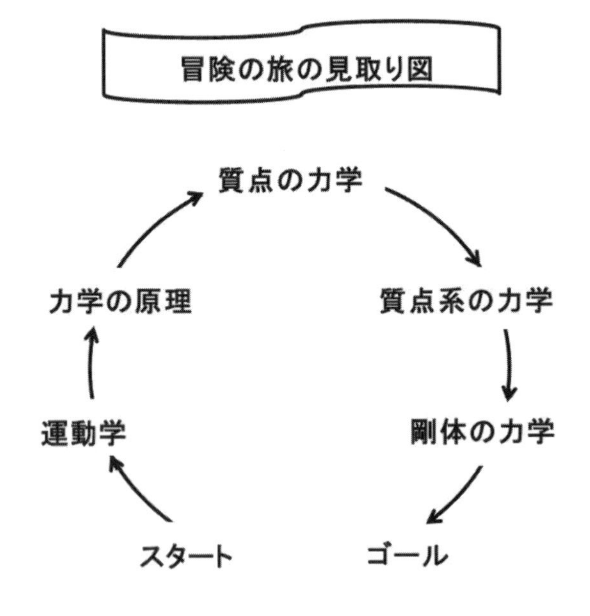

[1] 本書はコンピュータと対話するという前提でかかれており，その意味ではガリレオの『新科学対話』を若干意識している。またコンピュータを片手にもち 15 日間の旅をするというイメージをもつているが，このあたりはトールキンの『指輪物語』を若干意識している。

1.1.3　コンピュータと数値表現

シミュレーションをおこなう際には，コンピュータ内でどのように数値が表現されるのかについての知識が必要となる。コンピュータで扱われる数値は整数と実数の2種類が存在し，いずれも2進数で表現されることは，聞いたことがあるだろう。しかしその表現方法は大きく異なっており，注意が必要である。シミュレーションでは実数を取り扱うことが多く，そのことは誤差とも関連してくる。ここでは本書を読み進めるにあたり，是非とも知っておきたいコンピュータでの数値表現について，ごく簡単に説明する。

高校で学習済みだとは思うが，まずは整数の表現から始めよう。興味があるのは10進整数がどのような形で2進整数として表現されているかであるが，わかり易くするため，逆の場合から考えよう。たとえば4ビットの2進数 $b_3b_2b_1b_0$ があるとしよう。2進数であるので，b_n は0または1のどちらかである。このとき，2進数と10進数の関係は

(2進数)　　(10進数)

$$b_3b_2b_1b_0 = b_3\times2^3 + b_2\times2^2 + b_1\times2^1 + b_0\times2^0$$

である。この式を左から右にみると，2進数を10進数に変換できる。ここで，この式を先ほどとは逆に右から左にみることにしよう。１０進整数がこの式の右辺のように書けたとすると，そこからすぐに2進整数での表現方法がわかる。問題は10進整数をどうしたら右辺のように表現できるかであるが，右辺の10進数を2で割り続けた場合の余りが，それぞれ b_0，b_1，b_2…になることからすぐにその変換規則がわかる。具体的に考えるため，例えば10進数118を2進数に変換することを考えよう。この場合は，118を商が0になるまでどんどん2で割っていき，余りを下から上に書きならべていけばよい。つまり $118_{10}=1110110_2$ となる。このような方法によって，コンピュータ内での10進整数は表現されているのである。

整数は通常4バイト（32ビット）の**単精度整数**で表現することが多いのであるが，これは31ビットの2進数と1ビットの符号が表現できる[2]。つまり-2,147,483,648～2,147,483,647の範囲を表現できるため，9桁の整数が単精度では表現できると覚えておくとよい。ただし9桁の整数では，世界人口も取り扱えないという不便さがある。そのため倍精度整数を使うことがある。**倍精度整数**は64ビット（8バイト）の符号付きの整数であって，-9,223,372,036,854,775,808～9,223,372,036,854,775,807の範囲の値をとることができる。つまり18桁の整数が倍精度では表現できる。

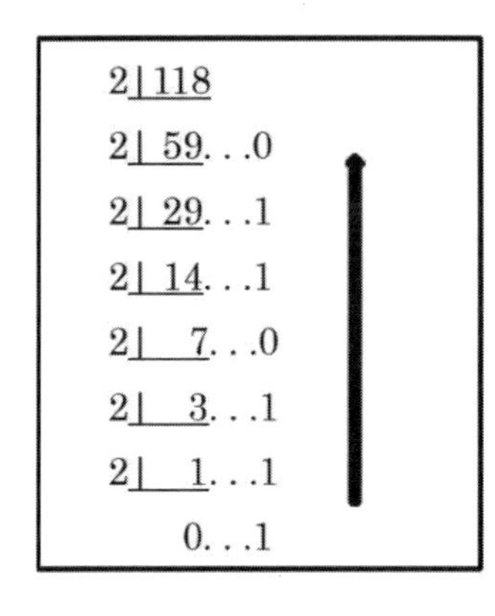

次に，実数の表現方法である浮動小数点表示について説明する。浮動小数点表示とはデータを正規化し，**基数**を決めたうえで符号・指数部・仮数部に分割して表現する方法である。

表現したい数値 ＝（符号）（仮数部）×（基数）$^{（指数部）}$

まず基数については，2とする。次に仮数部であるが，その範囲が「1/基数≦｜仮数｜＜1.0」であるように正規化される。

浮動小数点についても，単精度と倍精度がある[3]。単精度では，通常4バイトで実数を表現するが，符号部1ビット・指数部8ビット・仮数部23ビットが割り当てられる。例として10進数1356を，浮動小数点で表現してみよう。基

[2] 厳密には負の整数は補数表現を使って表されるが，詳細は省略する。
[3] パソコンに使われているCPUには，32ビット仕様CPU（32ビットマシン）と64ビット仕様CPU（64ビットマシン）がある。32ビットマシンで64ビットの倍精度演算をする場合は，32ビットの単精度に比べて圧倒的に遅くなる。しかし64ビットマシンでは32ビットの単精度でも64ビットの倍精度計算でも，それほど計算時間は変わらない。本書では精度の関係から実数においては倍精度計算を使うことが多いので，是非64ビットマシンを用意してほしい。

数が2であるので，1356を2進数で表現して

$$1356_{10}=10101001100_2 \quad =0.10101001100\times 2^{11}$$

この場合，0.10101001100が仮数部，2が基数，11が指数部となる。指数はまだ10進数なので，これを2進数に変換すると

$$11_{10}=1011_2$$

また符号は正なら0，負なら1としよう。すると最終的に

1357_{10} = 0 00001011 10101001100000000000000

となる[4]。

10進数で考えると，単精度の浮動小数点の表現範囲は仮数部が6桁，指数部は10^{-37}～10^{38}である。精度が6桁程度しかないため，シミュレーション等には倍精度の浮動小数点が使われることが多い。倍精度では，通常8バイトで実数を表現するが，符号部1ビット・指数部11ビット・仮数部52ビットが割り当てられる。10進法でみた倍精度の浮動小数点の表現範囲は，仮数部が15桁，指数部が10^{-307}～10^{308}である。

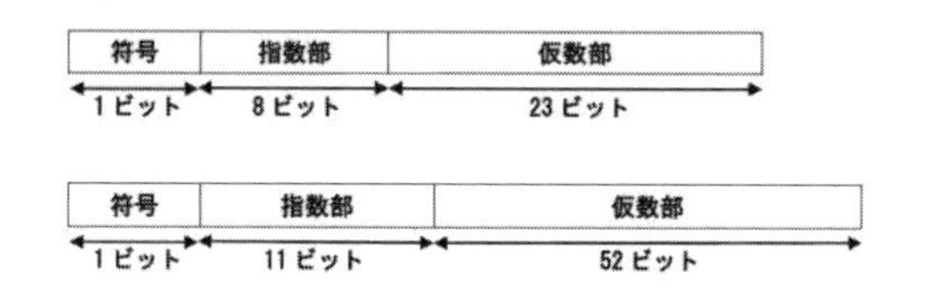

1.2節　Javaの初歩

1.2.1　Javaとは？

コンピュータと対話するためには，プログラム言語を用いてプログラミングをおこなう必要がある。プログラム言語は多数あるが，本書ではJava（ジャバ）というプログラム言語を用いることにする。**Java** はサン・マイクロシステムズ社[5]によ

[4] 実際によく用いられるIEEE 754の単精度表現などは，ここで述べた単純なものと若干異なっている。しかし原理的にはこれで十分であろう。

[5] Javaの開発元であるサン・マイクロシステムズ社は2010年1月27日にオラクルにより吸収合併されたため，Javaに関する権利も同社に移転している。

って開発されたプログラム言語である。Javaは人気の高いプログラム言語であり多くの大学でも教えられているうえ，業務システム開発においても基盤的な言語と位置付けられている。

なぜ，Javaの人気が高いのであろうか。プログラム言語は多数あるが，その中でもJavaが注目される特徴の一つとして機種依存性の少なさがある。世の中にはWindows，Mac，Linuxなど様々なタイプのOS，及びそれらを前提とした多数の機種が存在している。通常のプログラム言語の場合，ある機種で開発されたプログラムは，そのままの形では他の機種では動作しない。しかしJavaで作ったプログラムは，どんな機種，どんなOSでも動くという特徴がある。

この特徴は，Javaが仮想マシンを持っているから実現できることである。**仮想マシン**とは，実際のコンピュータ上に仮想化ソフトウェアによって作り出される仮想的なコンピュータのことをいう。Javaは機種固有の機能を一切使わず，仮想マシンに用意された機能だけでプログラムが動く。またこのような理由からJavaを動作させるためにはコンピュータも不要で，携帯電話でもカーナビゲーションでも仮想マシンさえあれば良いのである。ハードウェアにしばられることなく仮想マシンさえ用意すれば動くJavaは，様々な機種が混在する現在の状況に適しているのである。

なお，Javaの開発ソフトJDK(Java Development Kit)は，無料で利用可能である。またJavaのプログラムを編集するためのエディターについても，無料のものが多数公開されている。補章を参考にして自分のパソコンにこれらをインストールし，コンピュータと対話できる環境を是非整えてほしい。無料で簡単に開発環境を整えることができるということも，本書でJavaを選択した大きな理由の１つである。

1.2.2　プログラムの基本構造

コンピュータと対話するためにはJavaを用いてプログラムを書く必要があるが，その前にプログラムの基本構造を説明する。基本構造は以下のようになっているが，まずはこの枠組みをしっかり認識することからはじめよう。

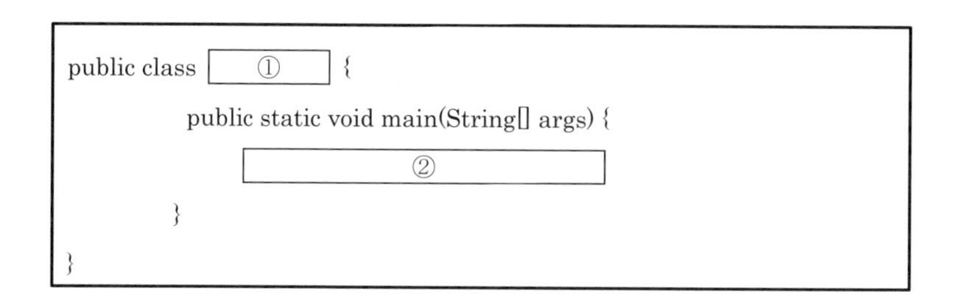

上記のプログラムの意味を，最初からすべて理解するのはかなり困難である。基本は②の部分に自分が必要とするプログラムを書いていけばよいので，取り敢えず②以外の部分はこのように書くと現時点では割り切ってもらって結構である。説明を省いた部分は，この後やや詳しい説明を加える予定である。しかし現時点で気になる読者も多いであろうから，若干の説明を加えておく。

プログラムに関する説明

- 最初の行の class というのは，**クラス**というものを定義するという宣言文である。Java では，プログラムはクラスと呼ばれる塊になっている。修飾子 public は公開されているという意味をもつ接頭語であるが，カプセル化という概念に関係しているため詳細な説明は省く。以上から，1 行目はクラス ① を定義したことを示している。
- ①の部分にはこのクラスの名前（クラス名）を記述する。クラス名は任意に付けてかまわないが，public という修飾子が付いたクラス名の場合はファイル名もそれと同じにしないといけない。つまりこのプログラムを保存する場合は「クラス名.java」という名前にして保存する必要がある。なお Java ではアルファベットの大文字と小文字が区別される。そしてクラス名の最初の文字は大文字にしておくのが，しきたりとなっている。
- Java では波カッコ{}がひとかたまりの範囲を示しているが，波カッコで囲まれた部分を**ブロック**と呼ぶ[6]。今の場合，1 行目の {に対応しているのは，5 行目の} である。同じく 2 行目の {に対応しているのは，4 行目の} であ

[6] ブロックが 1 行しかない場合は，波カッコを省略しても構わない。

る。

- 2行目はmainメソッドの定義である。Javaのプログラムは，複数行のプログラム文のかたまりから成り立っており，このかたまりのことを**メソッド**と呼ぶ。②の部分に複数行のプログラム文が書かれることからもわかるように，mainメソッドもプログラム文のかたまりである。
- Java のプログラムは，1つのクラスの中に多数のメソッドが集まって作られている。main メソッドもその1つであるが，多数あるメソッドの中でも最初に呼び出されるメソッドという特別な地位を占める。

1.2.3　Javaの実行方法

エディターを利用してプログラムを入力したなら，これをコンピュータに実行させる必要がある。これが人間とコンピュータの対話なのである。読者の皆さんのコンピュータ環境は様々であろうが，ここでは最も広く普及していると思われる Windows 環境での実行方法について述べる。また誰もが利用できるよう，特殊な開発環境を仮定せず最もシンプルな環境下で開発をおこなうことを前提とする。

最初にやるべきことはエディターを利用して，Javaのプログラムを入力することである。本書には必要となる全てのプログラムを掲載しているので，それを参考に入力してほしい[7]。なお，このようにプログラムが書かれた**ファイルをソースファイル**と呼ぶ。

次におこなうことは，ソースファイルを**コンパイル**(翻訳) することである。Javaを含むプログラム言語は人間には理解可能であるが，そのままの形ではコンピュータには理解できない。そのため作成したプログラムを，コンピュータが理解できる形に変換する必要がある。これがコンパイルなのである。Javaにおいてもプログラムを実行する前に，コンパイルしておく必要がある。具体的な手順は，以下の通りである。

- プログラムのコンパイルはコマンドプロンプト上でおこなう。コマンドプ

---

[7] 入力が面倒な読者のために，プログラムのソースファイルを用意した。ダウンロード先は，巻末参照のこと。

ロンプトは「スタートメニュー」の「プログラム」から「アクセサリ」を選び，「コマンドプロンプト」を選択することで起動できる。

・ソースファイルを置いたフォルダーに移動し，javac コマンドを使ってコンパイルする。例えば Hello.java というソースファイルなら，コマンドプロンプト上で以下のようにすればよい。

```
javac Hello.java ⏎
```

なおコンパイルが成功すれば，同じフォルダー内に Hello.class というファイル（**クラスファイル**）が作られる。

最後にプログラムの実行をおこなう。実行方法はコンパイルしたファイル Hello.class がある場所で，以下のようにするとよい。

```
java Hello ⏎
```

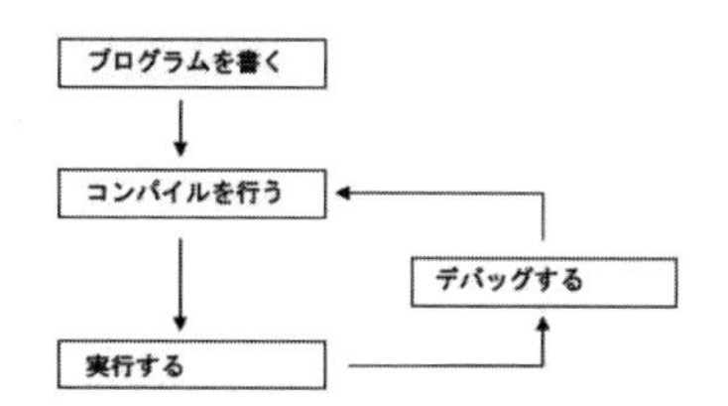

プログラムに間違いがあると，うまく動作しない。その際にはプログラムの誤り（バグ）を取り除く作業（デバッグ）をおこなう必要がある。

［対話１－１］(Hello.java)

「こんにちは」とディスプレイに出力するプログラムを作成せよ。

```
public class Hello {
        public static void main(String[] args) {
                System.out.println("こんにちは");
        }
}
```

プログラムに関する説明

・先に述べたように，main メソッドの中の部分

　　System.out.println("こんにちは");

が，当面は大切である。この部分は，() 内のテキストを画面に表示しなさい，という命令になっている。最初のうちは「画面表示がしたい場合は，プログラム中に System.out.println ()と書く」と丸暗記してよい。なお Java では「;(セミコロン)」が命令の終わりを示す。

丸暗記ばかりでやや気持ちが落ち着かないと思われるので，println のみ若干の説明を加える。

・**println**()は，()の中に記述されたものを画面に表示してくれるという働きをもつメソッドである。()内の文字列は，「"（ダブルクォーテーション)」で囲む必要がある。

・println は Java において最初から用意されているメソッドである。1行でさらっと書かれているが，実際には数十行のプログラム文が組み合わされて作られている（我々は，それを呼び出して利用している。)。このことを理解すると，println もメソッドであることに納得してもらえるであろう。

・main メソッドの中に println メソッドがあることからわかるように，Java ではメソッドが他のメソッドを呼び出し，実行がどんどんされていくことでプログラムが動いている。なお main メソッドの修飾子 static については第6章で，戻り値 void については第4章で説明する。

1.2.4　簡単な数値計算

初等力学に関するシミュレーションを始める前に，簡単な計算問題を通して Java のもつ基本的な計算機能について学習する。特にここでは後に必要となる整数型，実数型，に分けて説明をおこなう。まずは整数型のプログラムからである。

［対話１－２］(Calint.java)

整数同士の四則演算のプログラムを実行せよ。

```
public class Calint {
```

```
        public static void main( String [] args ){
                int a, b, i, j, k, m, n;
                a=10;
                b=20;
                i = a + b;
                j = a - b;
                k = a * b;
                m = a / b;
                n = a % b;
                System.out.println(i+","+j+","+k+","+m+","+n);
        }
}
```

プログラムに関する説明

・３行目の部分は，変数 a,b,i,j,k,m,n の定義になっている。変数とは値を保存しておくための箱のようなものであり，この箱に数値や文字列などの値を保存することができる。またいつでも取り出し，改めて違う値を保存することもできる。なおブロック内で宣言した変数は，そのブロックが終わると同時に消滅する。

・Java で変数を使用するには，まず型の宣言をおこなう必要がある。変数の種類には，以下のようなものがある。

int	整数（単精度）	**long**	整数（倍精度）
float	実数（単精度）	**double**	実数（倍精度）
char	１文字	**String**	文字列

・型の宣言をおこなった後は，必要に応じて値を代入し初期化をおこなう。ここでは４行目で「a=10」となっているので，変数 a に 10 を代入したことになる（「=」は代入の意味で使うことに注意すること）。また変数に値を代入せずに（つまり初期化せずに）println メソッドで値を書かせようとすると，

コンパイルエラーが起こることにも注意してほしい。

・整数型の割り算では，小数点以下が切り捨てられる。

・10行目の%は，割り算の余りを表している。例えば7%3は1である。

・11行目のprintln（）内で+演算子が使われている。これによって，文字列の連結が可能となる。+演算子は算術演算子としても使われるが，文字列に対して使用すると連結演算子となることに注意すること。

次は実数型のプログラムに関する対話である。

［対話１－３］(Radian.java)

角度は度とラジアンという2つの単位を持っている。この単位変換をおこなうプログラムを作成し，角度23.4度はラジアンではいくらになるか計算せよ。(Radian.java)

```
public class Radian {
        public static void main( String [] args ){
                double a, b;
                a= 23.4;
                b= (3.14 / 180.0 ) * a;
                System.out.println( "角度 " + a+ "度は" );
                System.out.println( "ラジアンでは " + b+ "である" );
        }
}
```

プログラムに関する説明

・角度とラジアンの間には，以下の関係がある。

$$1\text{度} = \frac{\pi}{180}\text{ラジアン} \qquad (1\cdot 1)$$

第2章　変位とベクトル

2日目

本書では物体の位置の時間的な変化，つまり運動を考える。このとき，物体に働く力とその運動との関係を論ずる部門を力学といい，運動そのものだけを論ずる部門を**運動学**という。第 2～3 章では，物体の運動学について述べる。また Java を利用したコンピュータとの初歩的な対話についても,引き続き試みる。

2.1節　運動の表し方

2.1.1　運動学と座標系

運動学は物体の運動に及ぼす力の効果は問題にせず，ただ運動の様子を記述する方法を論ずる学問分野である。運動学の対象は物体の位置，変位，速度，加速度，軌道などの種々の表現法と，それらの相互関係である。まずは物体の位置を表現する方法について考えてみよう。

物体の位置を数学的に表現するためには，座標系を設定する必要がある。いくつかの代表的な座標系の中で，もっとも単純なものは**直交座標系**である。直交座標系では一つの点 O(原点) を通る互いに直交するx, y, z軸を考え，空間内の任意の点 P の位置座標を 3 つの変数x, y, zで指定する。右図からわかるように，具体的には P の位置を以下のように表現する。まず，O からx軸方向にxだけ進んだ Q に移動する。次に Q からy軸に平行にyだけ進んだ点 R に移動する。最後に R からz軸方向に平行にzだけ進んだ点 P に移動する。これで O から P の位置へ移動できるので, P の位置を(x, y, z)と表現するのである。この方法で，空間内の任意の点は全て 3 つの変数x, y, zで指定できることは明らかであろう。

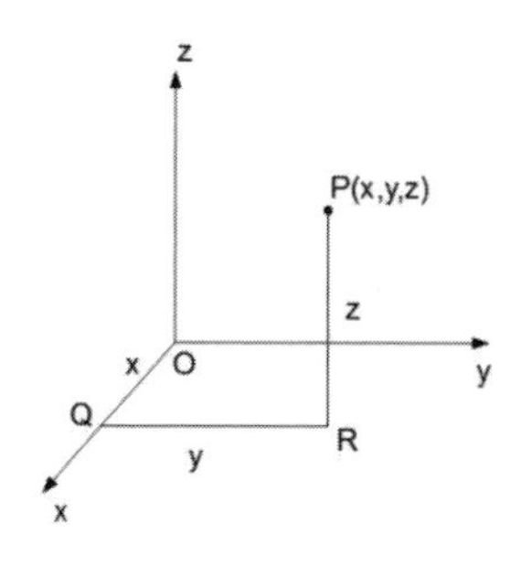

直交座標系以外にも有益なものがあるため，通常は与えられた問題ごとに適切な座標系を選ぶ訓練を積み，座標変換に関する複雑な技法を学ぶ必要がある。しかし前章で述べたように，コンピュータを利用すると必要となるのは直交座

標系のみとなる。座標変換に関する訓練を回避できることが，コンピュータ利用のメリットの一つである。

さて物体が運動すると，その位置の座標は時刻tの関数として変化する。このことを$x = x(t), y = y(t), z = z(t)$で表す。これらの関数形が求まれば，運動が完全に記述できることになる。

2.1.2　変位

物体が運動して，図のように空間内の位置Aから B まで移動したとする。この時 A から B までの直線距離及び（向きを含めた）方向を合わせて考え，これを**変位**と呼ぶ。変位はその大きさに比例した長さをもち，その方向および向きに矢印をつけた有向線分を用いて表現する。ここでは変位を$\overrightarrow{AB}$と表すが，その際には経路・所要時間は問題にしないこととする。（上図において，経路 I と経路 II の区別はしない。）

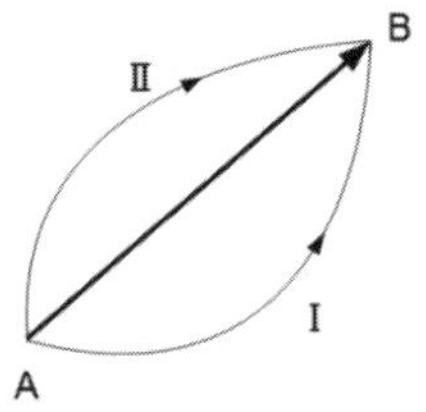

B
II
I
A

C
A
B

1つの物体が A から B に変位し，つぎに B から C に変位したとする。図から明らかなように，その結果は直接 A から C に移ったのと同じである．このことを

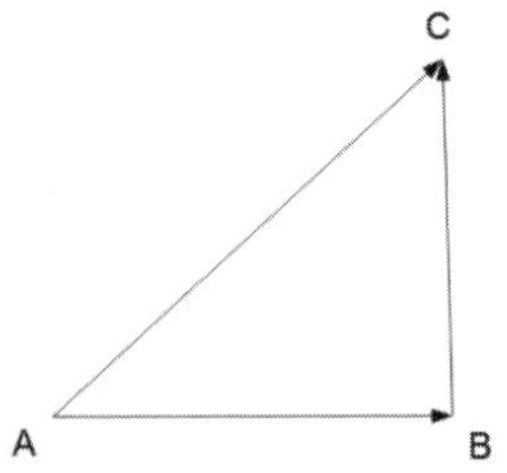

$$\overrightarrow{AC} = \overrightarrow{AB} + \overrightarrow{BC} \qquad (2\cdot1)$$

で表わし，これを変位の合成に関する三角形の方法と呼ぶ。また$\overrightarrow{AC}$を$\overrightarrow{AB}$と$\overrightarrow{BC}$との**合成変位**，$\overrightarrow{AB}$と$\overrightarrow{BC}$とを$\overrightarrow{AC}$の**分変位**と呼ぶ。

2.1.3　変位とベクトル

よく知られているように大きさだけをもつ量を**スカラー**，大きさだけでなく（向きを含めた）方向をも合わせて考えねばならない量を**ベクトル**と呼ぶ。例えば質量や温度はスカラーであるが，上に述べた変位はそうではない。なぜなら自宅から大学にいくのに距離が 3km と分かっていても，方向が定まらないと行けない。距離だけならスカラーであるが，変位には距離と方向が必要なのである。つまり変位はベクトルなのである。後でみるように，速度も加速度もベクトルである。ベクトルこそ運動学の数学的基礎であり，その習得は運動学の理解の鍵となることを十分に理解してほしい。

ベクトルを図で表わすには変位と同様，その大きさに比例した長さをもち，その方向に矢印をつけた有向線分を用いればよい。ベクトルを記号で書くときは肉太文字$\boldsymbol{A}$または$\vec{A}$を用い，その大きさはAまたは$|\boldsymbol{A}|$を用いる。特に大きさが１のベクトルを，**単位ベクトル**と呼ぶことにする。なお本書では今後，ベクトル及びその大きさを表す記号として$\boldsymbol{A}$及びAを用いる。先に見たように変位はベクトルの一種であるので，今後変位もベクトルと同様の記法を用いる。

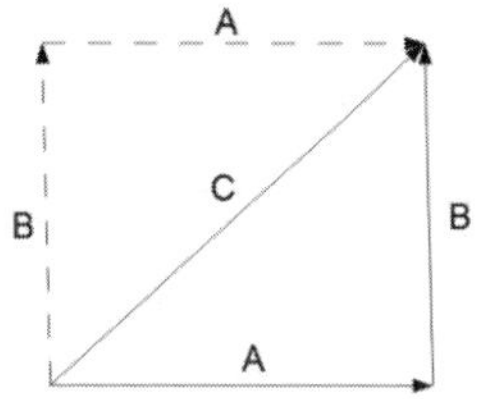

ベクトルについても変位の加法と同様，ベクトルの加法が成立する。

$$\boldsymbol{C} = \mathbf{A} + \mathbf{B} \qquad (2・2)$$

その際，$\boldsymbol{C}$を$\boldsymbol{A}$と$\boldsymbol{B}$との合成ベクトル，$\boldsymbol{A}$と$\boldsymbol{B}$を$\boldsymbol{C}$の分ベクトルと呼ぶ。また図から明らかなように，ベクトルは順序を変更して加えても同じ結果になる。つまり交換法則が成り立つ。

$$\boldsymbol{C} = \boldsymbol{A} + \boldsymbol{B} = \boldsymbol{B} + \boldsymbol{A} \qquad (2・3)$$

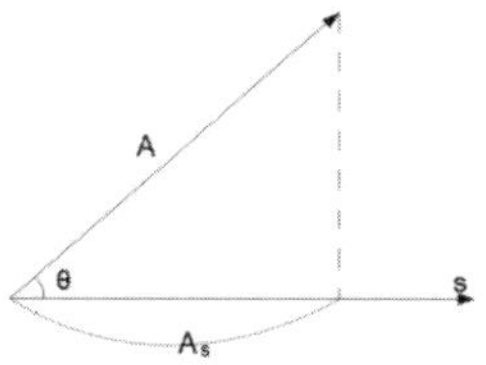

ベクトル$\boldsymbol{A}$をこれと角θをなす方向$\boldsymbol{s}$のうえに正射影した線分を，$\boldsymbol{A}$の$\boldsymbol{s}$方向における成分といいA_sと表す。A_sとAの関係は，以下のようになる。

$$A_s = A cos\theta \qquad (2・4)$$

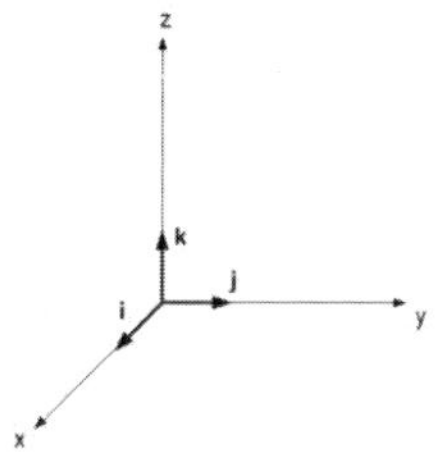

さて直交座標系において，x軸，y軸，z軸方向の単位ベクトルを$\boldsymbol{i}$，$\boldsymbol{j}$，$\boldsymbol{k}$書く。そしてこれらを**基本ベクトル**と呼ぶことにする。任意のベクトル$\boldsymbol{A}$は，基本ベクトルと座標成分から

$$\boldsymbol{A} = A_x\boldsymbol{i} + A_y\boldsymbol{j} + A_z\boldsymbol{k} \qquad (2・5)$$

と表せる。ベクトル$\boldsymbol{A}$の成分を具体的に書くと，右図のようにθ, ϕを設定して

$$A_x = Asin\theta cos\phi$$
$$A_y = Asin\theta sin\phi \qquad (2・6)$$
$$A_z = Acos\theta$$

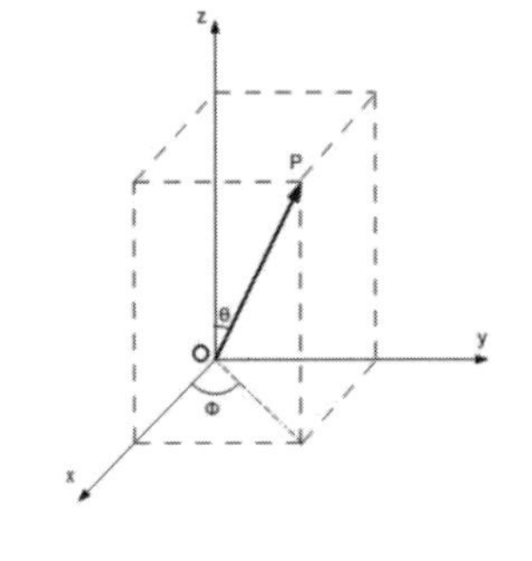

となることも，すぐにわかる。

2.1.4　2つのベクトルのスカラー積

ここからは，ベクトルに関する重要な演算の紹介である。最初に紹介するのは，ベクトルのスカラー積である。2つのベクトルを$\boldsymbol{A}$，$\boldsymbol{B}$とし，その間の角がθであるとき，スカラー$ABcos\theta$を$\boldsymbol{A}$と$\boldsymbol{B}$の**スカラー積**といい，$\boldsymbol{A}・\boldsymbol{B}$または$\boldsymbol{AB}$と表す。つまり

$$\boldsymbol{A}・\boldsymbol{B} = ABcos\theta \qquad (2・7)$$

今$\boldsymbol{A}$，$\boldsymbol{B}$がxy平面内にあるとし，x軸とのなす角をそれぞれα，βとすれば，

$$\boldsymbol{A}・\boldsymbol{B} = ABcos(\beta-\alpha) = Acos\alpha \cdot Bcos\beta + Asin\alpha \cdot Bsin\beta \qquad (2・8)$$

つまり

$$\boldsymbol{A}・\boldsymbol{B} = A_xB_x + A_yB_y \qquad (2・9)$$

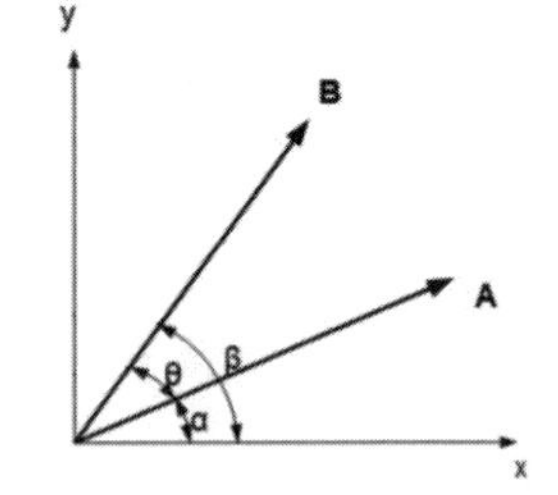

が成立することもわかる。$\boldsymbol{A}$，$\boldsymbol{B}$がxy平面内にない一般的な場合でも，同様に以下が成り立つことが示せる。

$$\boldsymbol{A}・\boldsymbol{B} = A_xB_x + A_yB_y + A_zB_z \qquad (2・10)$$

2.1.5　2つのベクトルのベクトル積

次にベクトル積を紹介しよう。2つのベクトルを$\boldsymbol{A}$，$\boldsymbol{B}$とし，その間の角がθであるとする。このとき，大きさが$ABsin\theta$に等しく，その方向が$\boldsymbol{A}$を$\boldsymbol{B}$に 180° より小さい角だけまわして重ねるとき右ねじの進む向きをもつベクトルを考える。これを$\boldsymbol{A}$と$\boldsymbol{B}$との**ベクトル積**とよび，$\boldsymbol{A}\times\boldsymbol{B}$で表す。

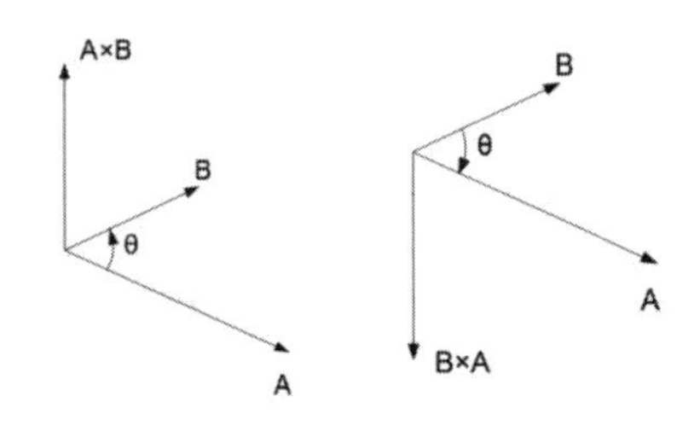

$$\boldsymbol{A}\times\boldsymbol{B}=ABsin\theta\boldsymbol{n} \quad (2\cdot 11)$$

ただし$\boldsymbol{n}$は$\boldsymbol{A}$，$\boldsymbol{B}$と直交する単位ベクトルである。なお上の図からすぐに

$$-\boldsymbol{B}\times\boldsymbol{A}=\boldsymbol{A}\times\boldsymbol{B} \quad (2\cdot 12)$$

であることもわかる。

今$\boldsymbol{A}$，$\boldsymbol{B}$がxy平面内にあるとし，x軸とのなす角をそれぞれα，βとすれば，

$$|\boldsymbol{A}\times\boldsymbol{B}|=ABsin(\beta-\alpha)=Acos\alpha\cdot Bsin\beta-Asin\alpha\cdot Bcos\beta \quad (2\cdot 13)$$

つまり

$$\boldsymbol{A}\times\boldsymbol{B}=\left(A_xB_y-A_yB_x\right)\boldsymbol{k} \quad (2\cdot 14)$$

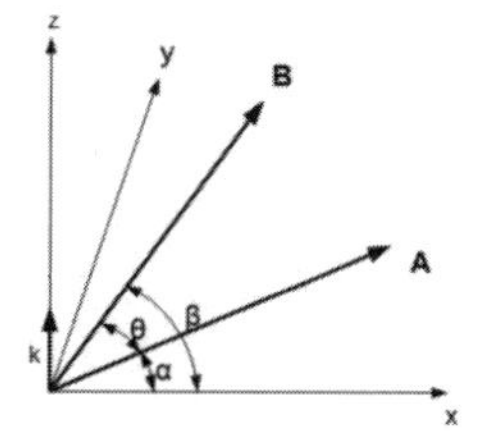

が成立することもわかる。ここで$\boldsymbol{k}$はｚ軸方向の単位ベクトルである。$\boldsymbol{A}$，$\boldsymbol{B}$がxy平面内にない一般的な場合でも，$\boldsymbol{i},\boldsymbol{j},\boldsymbol{k}$を基本ベクトルであるとして，以下が成り立つことが同様に示せる。

$$\boldsymbol{A}\times\boldsymbol{B}=\left(A_yB_z-A_zB_y\right)\boldsymbol{i}+(A_zB_x-A_xB_z)\boldsymbol{j}+\left(A_xB_y-A_yB_x\right)\boldsymbol{k} \quad (2\cdot 15)$$

またこれに関連してベクトル３重積，つまり$\boldsymbol{A}\times(\boldsymbol{B}\times\boldsymbol{C})$では，以下の公式が成立している[8]。

$$\boldsymbol{A}\times(\boldsymbol{B}\times\boldsymbol{C})=\boldsymbol{B}(\boldsymbol{A}\cdot\boldsymbol{C})-\boldsymbol{C}(\boldsymbol{A}\cdot\boldsymbol{B}) \quad (2\cdot 16)$$

2.1.6　ベクトル積とベクトルのモーメント

最後にベクトル積に関連して，**ベクトルのモーメント**というものを紹介する。図のように，ベクトル$\boldsymbol{A}$の始点を Pとする。ここである定点Ｏに対し$\boldsymbol{OP}=\boldsymbol{r}$とするとき，ベクトル

$$\boldsymbol{N}=\boldsymbol{r}\times\boldsymbol{A} \quad (2\cdot 17)$$

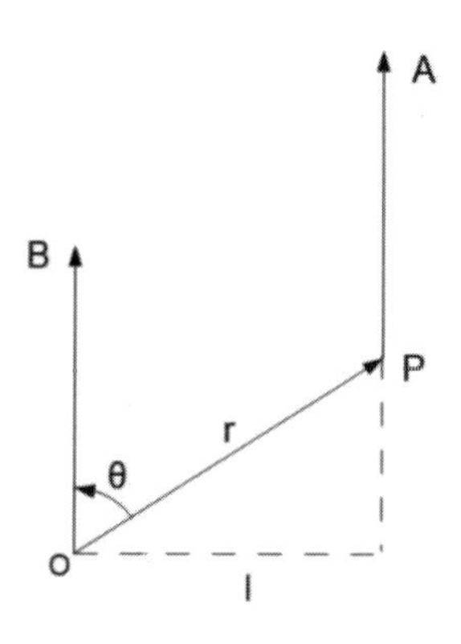

を定点Ｏに関する$\boldsymbol{A}$のモーメント（または能率）という。$\boldsymbol{N}$は，ベクトル$\boldsymbol{A}$を定点Ｏを始点とするベクトル$\boldsymbol{B}$に平行移動し，$\boldsymbol{r}$と$\boldsymbol{B}$のベクトル積を計算することで得られる。そのためベクトル$\boldsymbol{N}$の大きさについては，lを図のように取った場合に以下が成立する。

[8] これについては，後で例証する。

$$N = |\boldsymbol{r} \times \boldsymbol{A}| = |\boldsymbol{r} \times \boldsymbol{B}| = rBsin\theta = lA \quad (2\cdot 18)$$

2.1.7　物理量と次元解析について

物理量とは物理学で扱われる変数であり，長さ・質量・時間・電流などを基本としてこれらの積などで定義される量である。力学に関する物理量で基本となるのは長さ・質量・時間であるが，これらを基本**次元**と呼びそれぞれ[L], [M], [T]で表す。基本次元にはそれを表す単位があり，長さについてはメートル(m), 質量についてはキログラム(kg)，時間については秒(s)が使われる。それ以外の物理量については，これら基本次元およびその演算で表現できる。例えばこれまで述べてきた変位も物理量であり，長さの次元を持っている。また後で出てくるが，速度は「長さ÷時間」で表せる。そのため速度は特別な次元が用意されておらず, m/s のように長さと時間という 2 つの基本次元を使って表される。これから本書で出てくるすべての物理量は次元という概念を持っており，単なる数とは異なっていることに注意してほしい。

このことに関連して，重要な事実を述べる。今後は様々な法則や関係式が出てくるが，当然ながらその数式中の物理量も長さ・質量・時間の組み合わせで表される次元を持っている。そのため例えば

$$A = BC$$

という法則が成立していた場合, 左辺と右辺の次元は同じでなければならない。さらに言うと，このような関係式で右辺の次元がわかっていれば，左辺の次元もわかる。つまり新たな物理量の次元は，この物理量が従う式で決まる[9]。初等力学で出現する物理量が長さ・質量・時間の次元をもつのは，力学法則がこれらで表されるからである。

次元をもつ物理量の大きさを表すのに，具体的な単位をきめておくと好都合である。現在，世界的に共通な単位としては，先に述べたメートル，キログラム，秒を使う MKS 単位系が，世界標準である。この単位系のことを，国際単

---

[9] 力には N(ニュートン) という新たな単位を用いるが, 後でみるように$\boldsymbol{ma} = \boldsymbol{F}$からニュートンは質量×加速度で表現できる。つまり N は kg・m/s^2 であり，長さ・質量・時間が組み合わさったものである。

位系(SI) と呼んでいる。長さの単位メートルは，

1 メートル ＝ 1 秒の 299792458 分の 1 の時間に光が真空中を伝わる距離

である。キログラムについてはやや面倒であるが，直径，高さとも約 39 mm の円柱形状で，白金 90%，イリジウム 10%の合金でできている国際キログラム原器があり，

1 キログラム ＝ 国際キログラム原器の質量

と定められる。時間の単位である秒は

1 秒 ＝ セシウム 133 原子の基底状態の二つの超微細構造の遷移に対応する放射の周期の 91 億 9263 万 1770 倍

である。

最後になったが，次元解析について述べる。物理量のもつ次元に着目して方程式や物理量を解析することを，**次元解析**という。先にも述べたように，力学における物理量は必ず長さ^{a} × 質量^{b} × 時間^{c}= $L^aM^bT^c$ なる次元をもつ。明らかに物理量の間の足し算，引き算では次元は変化しないが，掛け算，割り算をおこなうと変化する。つまり

$$[A] = L^aM^bT^c, \quad [B] = L^pM^qT^r$$

とすると

$$[AB] = L^{a+p}M^{b+q}T^{c+r}$$

$$[\frac{A}{B}] = L^{a-p}M^{b-q}T^{c-r}$$

である。これらの規則を使い，関係式等が出てきた場合は次元解析をおこない，式の正当性を確認する習慣をつけるとよい。

2.2 節　基礎的なプログラム

本章から冒険の旅は始まっているが，今後の試練に備えるためもう少し基礎的な訓練をつんでおくことにしよう。少しじれったいと思うかもしれないが，これから学習するような簡単なプログラムで Java に慣れることが，冒険の旅を成功させる近道になることを理解してほしい。

2.2.1　倍長整数型・文字型を使ったプログラム

前回は整数型と実数型に関するプログラムを作成した。ここでは前回述べることができなかった倍長整数型のプログラムを作成してみよう。

［対話２－１］(Population.java)

世界の総人口を表示するプログラムを作成せよ。

```
public class Population {
        public static void main( String [] args ){
                long   wp      = 7325000000L;
                int   oku   =   100000000;
                int   man   =       10000;
                int   wp1   = (int)( wp / oku );
                int   wp2   = (int)( ( wp % oku + 5000 ) / man );
                System.out.println( "世界人口は" + wp1 + "億" + wp2 + "万人" );
        }
}
```

プログラムに関する説明

・整数を表現するには int 型と long 型がある。先に述べたように，int は 9 桁までしか扱えないため，世界人口や日本の国家予算には int 型は使えない。この場合は 18 桁まで取り扱える long 型にしなければならない。

・long 型へ値を代入する際に int 型の範囲を超える数値を記述する場合には，数字リテラルの後ろに "l"または "L"を付ける。

・6 行目の(int)であるが，これは**明示的型変換（キャスト）**と呼ばれるものである。Java において異なった型の変数で演算や代入をおこなうとき，条件を満たせば自動的に型変換がおこなわれる。たとえば a を double 型と定義しておくと，a=2 としても a には 2.0（倍精度実数）が入力される。これを**暗黙的型変換**と呼ぶ。しかし強制的に型を指定する事も可能で，これが明示的型変換と呼ばれるものである。今の場合は wp, oku ともに整数であるが，wp / oku は一般に実数となる。しかしここではこの値を，強制的に整数型に変換している。

次に文字型のプログラムを作成してみよう。

［対話２－２］(Butsu.java)

「A」と「物」の文字コードを表示するプログラムを作成せよ。

```
public class Butsu {
        public static void main( String [] args ){
                char alphabet = 'A';
                char kanji    = '物';
                int acode     =  (int) alphabet;
                int kcode   =  (int) kanji;
                System.out.println(alphabet+"の文字コードは" + acode);
                System.out.println( kanji    + "の文字コードは" + kcode);
        }
}
```

プログラムに関する説明

・Java では，文字を Unicode（ユニコード）と呼ばれるコード体系で表現している。Unicode は，世界中の文字を約 6 万種の文字種の中に統一して扱おうとするコード体系で[10]，Windows などのオペレーティングシステムで採用されている。

2.2.2　無限大・虚数のプログラム

主にプログラムの誤りにより，答えが無限大や虚数になることがある。ここでは敢えて，これらが出現するプログラムを作成してみよう。

［対話２－３］(Infinity.java)

無限大を表示するプログラムを作成せよ。

```
public class Infinity {
        public static void main( String [] args ){
                double inf1 = 1.0 / 0.0;
                double inf2 = -1.0 / 0.0;
                System.out.println( "正の無限大は" + inf1 );
                System.out.println( "負の無限大は" + inf2 );
        }
}
```

プログラムに関する説明

・1 や-1 を 0 で割ることで，わざと正負の無限大を出現させている。

2.2.3　数学公式を使ったプログラム

次は公式を使ったプログラムを作成して見よう。ここではヘロンの公式を利用したプログラムを試してみよう。

［対話２－４］(Heron.java)

---

[10] アルファベット，数字，数学記号，漢字，ギリシャ文字等が含まれている。

３辺のそれぞれの長さが３，４，５の３角形の面積を求めるプログラムを作成せよ。

```
public class Heron {
        public static void main( String [] args ){
                double a, b, c, p, S;
                a = 3;
                b = 4;
                c = 5;
                p = ( a + b + c ) / 2.0;
                S = Math.sqrt( p * (p-a) * (p-b) * (p-c) );
                System.out.println( "三角形の面積は，" + S + "です。" );
        }
}
```

プログラムに関する説明

・Java には指数関数，対数関数，平方根，および三角関数といった基本的な数値処理を実行するための Math クラスというものが用意されている。Java で x の平方根は，**Math.sqrt**(x)である。

・ヘロンの公式は，三角形の 3 辺a, b, cの長さから面積を求める公式である。ユークリッド幾何学は大学教育では軽視されているが，初等物理を学習するうえで大変役に立つことが多い。この公式も，是非覚えておこう。

> **ヘロンの公式**
>
> $p = (a + b + c)/2$　としたとき，三角形の面積 S は
>
> $S = \sqrt{p(p-a)(p-b)(p-c)}$　である

2.2.4　ベクトルの和と積の計算

これまでの対話は簡単であるので，もう少し骨のあるプログラムを作成して

みよう。せっかくベクトルについて学習したので，ここでは２つのベクトルの和と積を，Java を利用して計算してみよう。

［対話２－５］(Vector_add.java)

２つのベクトル$\boldsymbol{A} = (3,5,2)$，$\boldsymbol{B} = (6,3,4)$の和を計算するプログラムを作成せよ。

```
public class Vector_add {
        public static void main(String[] args) {
                int[] a={3,5,2}, b={6,3,4},c;
                c=new int[3];
                c[0]=a[0]+b[0];
                c[1]=a[1]+b[1];
                c[2]=a[2]+b[2];
                System.out.println(c[0]);
                System.out.println(c[1]);
                System.out.println(c[2]);
        }
}
```

プログラムに関する説明

・3 行目は，配列と呼ばれるものの定義になっている。ベクトルの計算をおこなう場合は，配列の利用が便利である。**配列**はデータの集合であり，添え字で個々の要素を区別する。具体的には a[i]という方式で添え字を指定する。配列の要素番号は，0 から始まる連番になる。下の例では 3 個の配列（a[0], a[1], a[2] ）が用意されている。

・配列は変数に似ている。しかし変数が一つの値を保管するのに対して，配列では複数の値を保管することができる。配列を利用することで，似たような名前の変数を大量に作らなくても済むことになる。なお Java の配列は，決まった要素数しか格納できない静的配列である。そしてひとたび配列の大きさ（要素数）を決めると，後で変更することはできない。さらに配列に格納できる値は，同じデータ型の値に限定される。

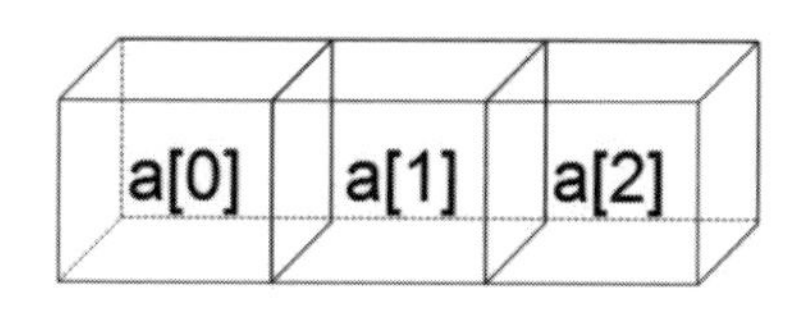

・java における配列は，最初に配列変数及び配列の大きさを宣言する。下の例では，大きさ３の整数型の配列変数 c を１行で宣言している。これで配列 c が利用できるようになったので，その後に値を代入している。

```
int[] c = new int[3];
c[0] = 5;
c[1] = 7;
c[2] = 3;
```

［対話２－６］(Vector_prodcut.java)

２つのベクトル$\boldsymbol{A} = (3,5,2)$，$\boldsymbol{B} = (6,3,4)$の内積，外積を計算するプログラムを作成せよ。

```
public class Vector_product {
        public static void main(String[] args) {
                int[] a={3,5,2}, b={6,3,4},out;
                int   inn;
                out=new int[3];
                inn = a[0]*b[0]+a[1]*b[1]+a[2]*b[2];
                out[0] = (a[1] * b[2]) - (a[2] * b[1]);
                out[1] = (a[2] * b[0]) - (a[0] * b[2]);
                out[2] = (a[0] * b[1]) - (a[1] * b[0]);
                System.out.println(inn);
```

```
                System.out.println(out[0]+", "+out[1]+", "+out[2]);
        }
}
```

プログラムに関する説明

・5 行目で out という配列変数を宣言していることに注意すること。

先にベクトル 3 重積の公式について述べた。この公式を数学的に証明することも大事だが，具体的なベクトルを与え例証することも，理解を深めるうえでとても大切である。そのため，以下の例題を考える。

［対話２－７］(Three _prodcut.java)

３つのベクトル$\boldsymbol{A} = (3,5,2)$，$\boldsymbol{B} = (6,3,4)$，$\boldsymbol{C} = (2,7,1)$を用いて，ベクトル 3 重積の公式が成立していることを例証するプログラムを作成せよ。

```
public class Three_product {
        public static void main(String[] args) {
                int[] a={3,5,2}, b={6,3,4},c={2,7,1},d;
                int innac, innab;
                d=new int[3];
                d[0] = (b[1] * c[2]) - (b[2] * c[1]);
                d[1] = (b[2] * c[0]) - (b[0] * c[2]);
                d[2] = (b[0] * c[1]) - (b[1] * c[0]);
                System.out.println((a[1] * d[2]) - (a[2] * d[1]));
                System.out.println((a[2] * d[0]) - (a[0] * d[2]));
                System.out.println((a[0] * d[1]) - (a[1] * d[0]));

                System.out.println("");

                innac = a[0]*c[0]+a[1]*c[1]+a[2]*c[2];
```

```
                innab = a[0]*b[0]+a[1]*b[1]+a[2]*b[2];
                System.out.println(b[0]*innac-c[0]*innab);
                System.out.println(b[1]*innac-c[1]*innab);
                System.out.println(b[2]*innac-c[2]*innab);
        }
}
```

プログラムに関する説明

・13 行目の System.out.println("")は，何も書かずに改行することを意味している。

第3章　速度と加速度

3日目

ここでは物体の運動学で本質をなす速度，加速度について述べる。前章で述べたように変位はベクトルであったが，速度・加速度もベクトルであることを理解しよう。また，繰り返しと分岐条件を利用したプログラミングにも挑戦する。

3.1節　速度・加速度とその性質

3.1.1　速度

物体がある直線上を動く 1 次元的な運動を考える。この直線をx軸にとり，時刻tにおける物体の位置を$x(t)$ と書く。微小時間Δt経過した時刻$t+\Delta t$における位置を$x(t+\Delta t)$ とすると，時刻tから$t+\Delta t$の間に物体は$\Delta x = x(t+\Delta t) - x(t)$ だけ変位したことになる。このとき，この間の平均の速さを以下のように定義する。

$$平均の速さ = \frac{x(t+\Delta t)-x(t)}{\Delta t} \tag{3・1}$$

Δtを無限小にしたときの平均の速さを，時刻tにおける速さと定義する。つまり速さを$v(t)$ で表すと

$$v(t) = lim_{\Delta t \to 0}\frac{x(t+\Delta t)-x(t)}{\Delta t} = \frac{dx}{dt} = \dot{x} \tag{3・2}$$

である。

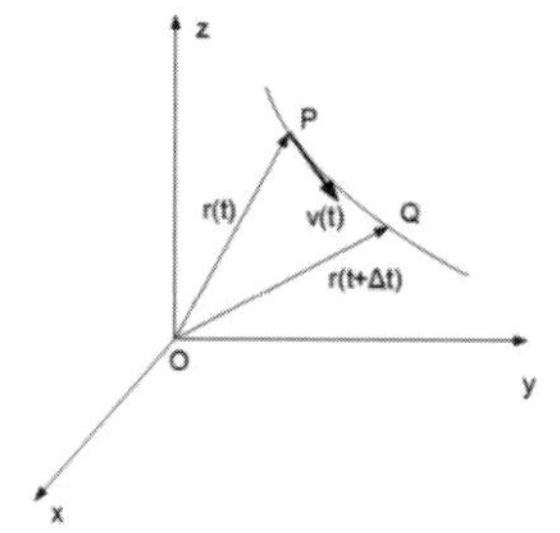

同じことを 3 次元空間で動いている物体について考えてみよう。図のように時刻tのとき，物体が位置 P にあったとする。任意の原点 O を設定し，O から P へ引いたベクトルを考える。これを点 P の**位置ベクトル**[11]と呼び，$\boldsymbol{r}(t)$と表すことにしよう。微小時間Δtが経過し時刻$t+\Delta t$になったとき，物体の位置が Q まで移動したとしよう。Q の

[11]位置をベクトルで表すことに抵抗があるかもしれないが，P，Q の位置ベクトルの差が変位ベクトルとなるので，位置もベクトルで表現できることが納得できるであろう。

位置ベクトルは$\boldsymbol{r}(t+\Delta t)$と書けることは，すぐにわかるであろう。また変位を$\boldsymbol{\Delta r}=\boldsymbol{r}(t+\Delta t)-\boldsymbol{r}(t)$とおくと，1 次元の場合と同様にして平均速度を考えることができる。

$$平均速度=\frac{\boldsymbol{r}(t+\Delta t)-\boldsymbol{r}(t)}{\Delta t} \tag{3・3}$$

さらにΔtを無限小にすることで**速度**が定義できることも，先と同じである。

$$\boldsymbol{v}(\mathrm{t})=\lim_{\Delta t\to 0}\frac{\boldsymbol{r}(t+\Delta t)-\boldsymbol{r}(t)}{\Delta t}=\frac{d\boldsymbol{r}}{dt}=\dot{\boldsymbol{r}} \tag{3・4}$$

ベクトルである変位を時間微分したものが速度であるので，速度もベクトルとなることはすぐにわかるであろう。なおΔtが 0 に近づくならば Q は限りなく P に近づくため，$\boldsymbol{\Delta r}$の向きは P における軌道の接線方向になる。そのため$\boldsymbol{v}$の向きは，常に軌道の接線方向になる。

速度がベクトルであることを理解することは，とても重要である。そのためより直観的に，速度がベクトルであることを確認しよう。この事実は，速度と走行距離（つまり変位）の関係をみることで納得できる。ある物体が時刻 0 から時刻tまでの間，速度一定（大きさv_0）で運動したとする。その際の物体の走行距離sは，

$$s=v_0 t \tag{3・5}$$

と表せることは明らかであろう。この式は（3・2）を積分することでも得られる。

このことを頭に入れて，次のことを考えよう。海上を真東に速さvで航行する船のデッキを，真北に速さv'で歩く人の，海に対する速度を考える。ある瞬間の人の海面上の位置を O とする。時間Δtだけ経過した時，船は O に対して真東に$v\Delta t$だけ変位し，同時に人は O に対して真北に$v'\Delta t$だけ変位している。変位はベクトルであるのでベクトルの合成が使えることに注意すると，その 2 つの変位を合成したものは左図の OP（その大きさを$V\Delta t$と書く）となる。左図の各辺をΔtで割った相似形を右図とすると，速さがベクトルの合成と同じ規則に従っていることがわかる。このことからも，速度はベクトルであることが納得できるであろう。

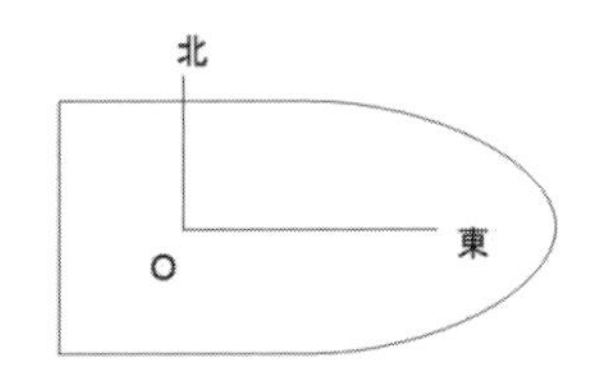

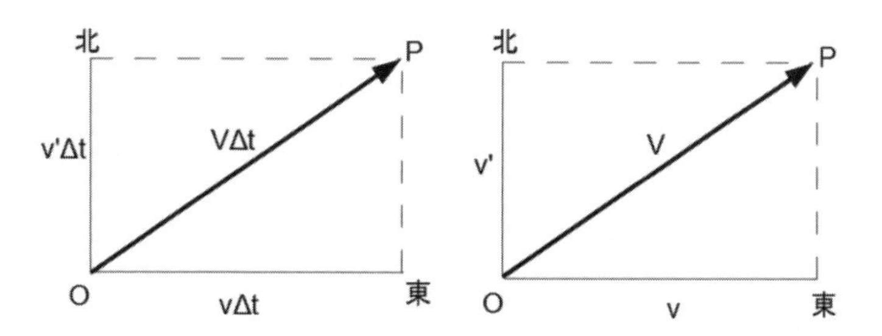

最後に速度の成分表示を考える。以前に述べたように，直交座標系において基本ベクトルを$\boldsymbol{i}$，$\boldsymbol{j}$，$\boldsymbol{k}$と書く。これを利用して，任意の位置ベクトルは以下のように書ける。

$$r = x\boldsymbol{i} + y\boldsymbol{j} + z\boldsymbol{k} \qquad (3\cdot6)$$

基本ベクトル$\boldsymbol{i}$，$\boldsymbol{j}$，$\boldsymbol{k}$が大きさ，向きとも時刻tに無関係なベクトルであることに注意すれば，上式を時間微分して

$$\boldsymbol{v} = \frac{d\boldsymbol{r}}{dt} = \frac{dx}{dt}\boldsymbol{i} + \frac{dy}{dt}\boldsymbol{j} + \frac{dz}{dt}\boldsymbol{k} \qquad (3\cdot7)$$

となる。一方で速度はベクトルなので，ベクトルの成分表示から

$$\boldsymbol{v} = v_x\boldsymbol{i} + v_y\boldsymbol{j} + v_z\boldsymbol{k} \qquad (3\cdot8)$$

と書ける。これから，以下の関係があることがわかる

$$v_x = \frac{dx}{dt} \qquad v_y = \frac{dy}{dt} \qquad v_z = \frac{dz}{dt} \qquad (3\cdot9)$$

3.1.2　加速度

次に速度が時間とともに変化する場合の，その時間的変化の割合を考える。速度が位置ベクトルの時間的変化の割合であったから，位置ベクトルの代わりに速度ベクトルを考え，先と同じ手続きを踏めば加速度を定義できる。つまり時刻tにおける速度を$\boldsymbol{v}(t)$とし，時刻$t + \Delta t$における速度を$\boldsymbol{v}(t + \Delta t)$とすれば，速度の時間的変化である**加速度**$\boldsymbol{a}(t)$は

$$\boldsymbol{a}(t) = \lim_{\Delta t \to 0} \frac{\boldsymbol{v}(t+\Delta t) - \boldsymbol{v}(t)}{\Delta t} = \frac{d\boldsymbol{v}}{dt} = \dot{\boldsymbol{v}} \qquad (3\cdot10)$$

である。ベクトルである速度を時間微分したものが加速度であるので，加速度もベクトルとなる。

加速度がベクトルであることを直観的に理解するために，今度は加速度と走行距離（つまり変位）の関係を見てみる。静止していた物体が時刻０から時刻

tまでの間，加速度一定（大きさa_0）で運動したとする。その際の物体の走行距離sは，

$$s = \frac{1}{2}a_0 t^2 \qquad (3 \cdot 11)$$

と表せることは，(3・10) を２回積分することで得られる。より直観的には最初静止していた物体が，時刻 t には速度$a_0 t$に一様に増加したわけだから，時刻 0 から時刻tを通じた平均速度は$\frac{1}{2}a_0 t$であったと考えてよい。すると，この平均値に走行時間tを掛けた$\frac{1}{2}a_0 t^2$が走行距離sとなるわけである。因数$\frac{1}{2}$がなぜ現れるのか，しっかり理解してほしい。

これだけの用意をしたうえで，加速度がベクトルであることをより直観的に確かめてみよう。図のように O にいる物体がある瞬間に **OA**，**OB** の２つの加速度をもつとし，それぞれの大きさをa，bとする。時間Δtが経過すると，物体は O から A の方向に$\frac{1}{2}a(\Delta t)^2$の変位 A'と，O から B の方向に$\frac{1}{2}b(\Delta t)^2$の変位 B'を同時におこなう。変位はベクトルであるので，これら 2 つの合成変位は図のように **OC'**となる。これを$\frac{1}{2}c(\Delta t)^2$と書こう。各辺を$\frac{1}{2}(\Delta t)^2$で割った相似形は図のようになるので，OA 方向の加速度$\boldsymbol{a}$と OB 方向の加速度$\boldsymbol{b}$がベクトルの加法と同じ規則に従っていることがわかる。つまり加速度もベクトルである。

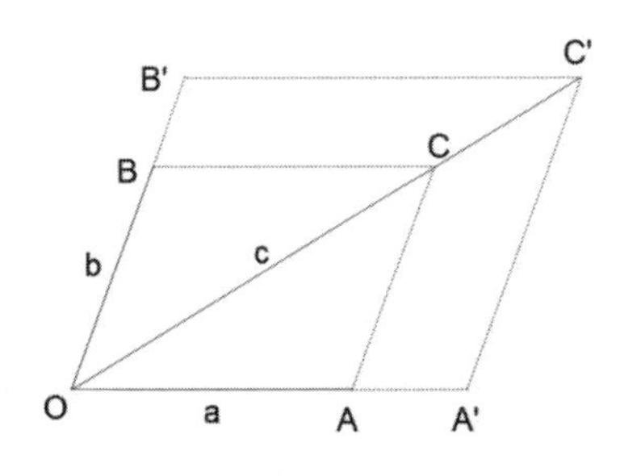

先に見たように，速度は物体の軌道の接線方向として図示できた。加速度を図示するのはやや面倒であるが，以下のような手順を踏めば可能である。運動している物体を考え，その経路を P, Q, R, …, 各点における速度を$\boldsymbol{v}, \boldsymbol{v}', \boldsymbol{v}'', \cdots$とする。これらの速度ベクトルを平行にずらし，始点を１つの点 O'に集めることを考える。そしてその終点を時刻の順に結んだ新しい曲線 P'，Q'，R', …を作る。この曲線を**ホドグラフ（速度図）**と呼ぶことにするが，加速度はホドグラ

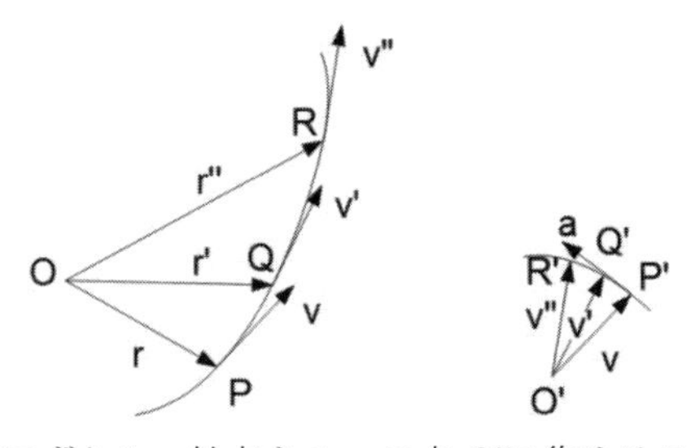

フの接線として表現できる。

最後に加速度の成分表示を考える。加速度は速度ベクトルの時間微分で表現できるので，（3・7）式より

$$\boldsymbol{a}=\frac{d^2\boldsymbol{r}}{dt^2}=\frac{d^2x}{dt^2}\boldsymbol{i}+\frac{d^2y}{dt^2}\boldsymbol{j}+\frac{d^2z}{dt^2}\boldsymbol{k} \qquad (3\cdot 12)$$

一方で加速度はベクトルなので，ベクトルの成分表示より

$$\boldsymbol{a}=a_x\boldsymbol{i}+a_y\boldsymbol{j}+a_z\boldsymbol{k} \qquad (3\cdot 13)$$

と書ける。これから，以下の関係があることがわかる。

$$a_x=\frac{d^2x}{dt^2} \qquad a_y=\frac{d^2y}{dt^2} \qquad a_z=\frac{d^2z}{dt^2} \qquad (3\cdot 14)$$

3.1.3　平面運動における加速度と曲率円

（3.12）で示したのは，3 次元空間内を運動する物体の加速度である。ところが第 8 章でみる惑星の運動のように，2 次元平面内に運動が限られてしまうものも多い。そこで 2 次元的な平面運動をおこなう場合の加速度について，もう少し詳しく見てみよう。

図のように時刻tに P にあった物体が，時刻$t+\Delta t$に Q に移動したとしよう。物体の移動経路をもとに，P，Q での接線を引き，それと一致する単位ベクトルを$\boldsymbol{e_t},\boldsymbol{e_t}'$とする。あきらかに P，Q での速度は$\boldsymbol{v}=v\boldsymbol{e_t}$，$\boldsymbol{v}'=v'\boldsymbol{e_t}'$と書ける。さて P，Q において接線に直交する法線を引き，その交点を C とする。∠PCQ のなす角を$\Delta\theta$とすると，$\boldsymbol{e_t},\boldsymbol{e_t}'$のなす角度も$\Delta\theta$となる。

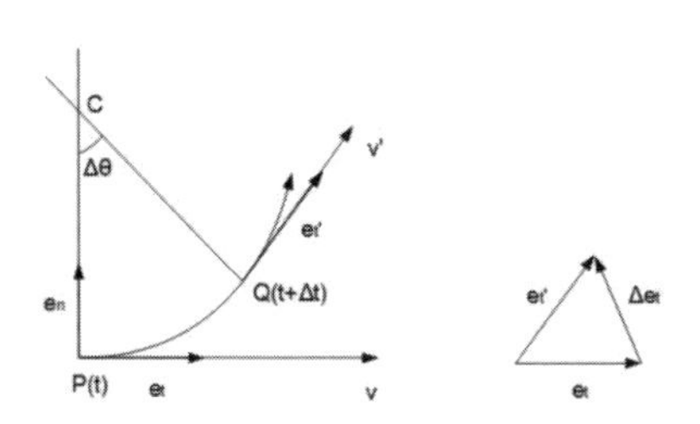

P における加速度は，P における速度を時間微分して

$$\boldsymbol{a}=\frac{d\boldsymbol{v}}{dt}=\frac{dv}{dt}\boldsymbol{e_t}+v\frac{d\boldsymbol{e_t}}{dt} \qquad (3\cdot 15)$$

であるが，明らかに右辺第 1 項は P における加速度の接線方向成分を表現している。第 2 項の意味を知るために，定義式$\boldsymbol{e_t}^2=1$の両辺をtで微分してみる。

$$2\boldsymbol{e_t}\cdot\frac{d\boldsymbol{e_t}}{dt}=0 \qquad (3\cdot 16)$$

この式より$\boldsymbol{e_t}$と$d\boldsymbol{e_t}/dt$は直交することがわかる。$\boldsymbol{e_t}$は P における接線の方向であったので結局$d\boldsymbol{e_t}/dt$は法線の方向になり，さらに先の図をみることにより経路の凹側を向いていることもわかる。つまり右辺第 2 項は，P における加速度の法線方向成分を表現しているのである。さらに第 2 項を変形していこう。図から$|\Delta\boldsymbol{e_t}| \cong \Delta\theta$なので，$d\boldsymbol{e_t}/dt$の大きさは

$$\left|\frac{de_t}{dt}\right| = \lim_{\Delta t\to 0}\frac{|\Delta e_t|}{\Delta t} = \lim_{\Delta t\to 0}\frac{\Delta\theta}{\Delta t} = \frac{d\theta}{dt} \tag{3・17}$$

以上より法線方向の単位ベクトルを$\boldsymbol{e_n}$とすると，(3・15) 式は

$$\boldsymbol{a} = a_t\boldsymbol{e_t} + a_n\boldsymbol{e_n} \tag{3・18}$$

$$a_t = \frac{dv}{dt} \tag{3・19}$$

$$a_n = v\frac{d\theta}{dt} \tag{3・20}$$

となる。

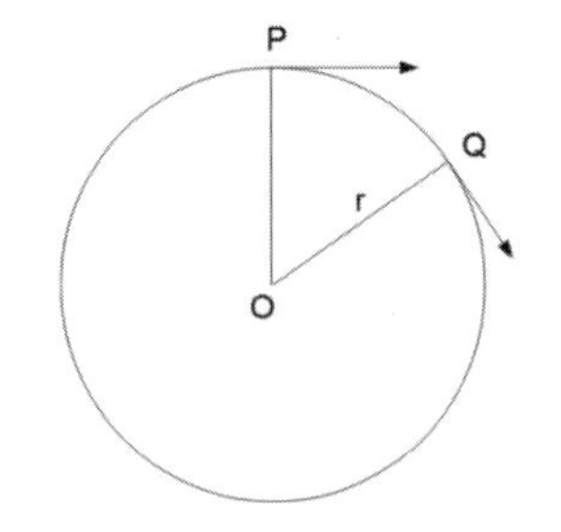

特別な場合として，物体が円運動する場合を考えよう。円運動で先に述べたことと同じように考えると，C 点は円の中心 O に一致することはすぐにわかるであろう。（このことは，物体の運動が等速であってもなくても成立することに注意。）また

$$\Delta\theta = \frac{\widehat{PQ}}{PO} = \frac{v\Delta t}{r} \qquad \Rightarrow \qquad \frac{\Delta\theta}{\Delta t} = \frac{v}{r} \tag{3・21}$$

となるので，結局以下のことがわかる。

$$a_n = \frac{v^2}{r} \tag{3・22}$$

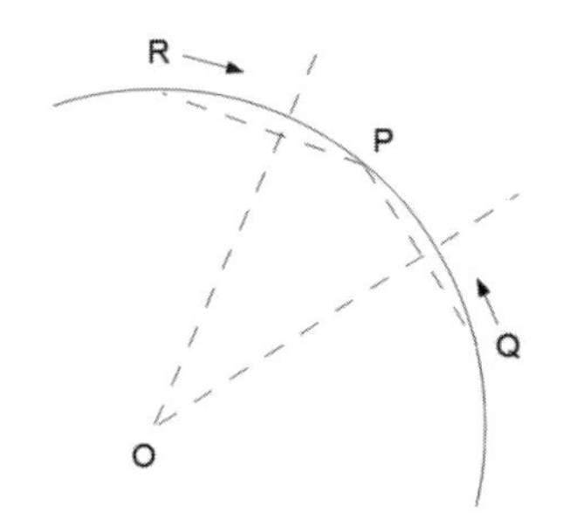

再度，2 次元平面内の物体の一般的な運動に戻ろう。この場合，物体が軌跡として描く曲線は任意の形をしている。しかしどんな曲線も，その上の 1 点の近傍は適当な円の一部と考えることができる。このことを確かめるために曲線上に図のように P を，その両側に Q，R を取る。PQ 及び PR の垂直 2 等分線

が交わる点をＯとする。ＯはQ，P，Rから等距離にあるので，結局これら３点はＯを中心とする１つの円上に並ぶ。このような円をその曲線上のＰにおける**曲率円**という。曲率円の半径をρとすると，法線方向の加速度について以下が成立する。

$$a_n = \frac{v^2}{\rho} \tag{3・23}$$

3.1.4　角速度

物体が円周上を一定の速さで運動するとき，この運動を等速円運動という。原点Ｏを円の中心にとり，Ｏを起点として運動している物体の位置ベクトルを考えると，その大きさは半径に相当する。物体が動くとともに，半径の大きさをもつこの位置ベクトルも動くことになる。「動く半径」ということから，特にこの場合の位置ベクトルを**動径ベクトル**と呼ぶ。円運動において，動径ベクトルが１秒間に回転する角度を**角速度**と呼ぶ。その大きさは

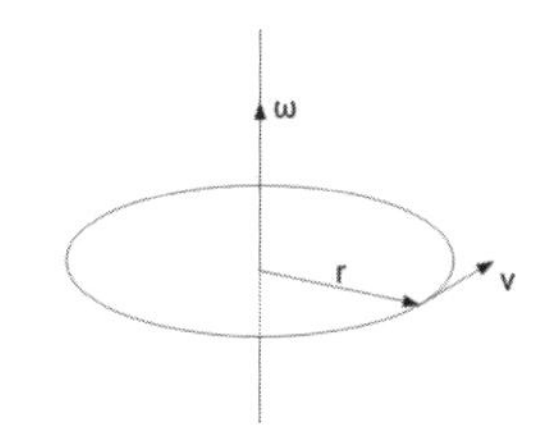

$$\omega = \frac{d\theta}{dt} = \frac{v}{r} \tag{3・24}$$

である。角速度は回転の速さを表す量であり，単位はラジアン毎秒［rad/s］である。なお上式の最後の等式を導くために，(3・21）を利用している。

本来，角速度は３次元空間ではベクトルとして定義される。回転の中心から$\boldsymbol{r}$の位置にある物体が速度$\boldsymbol{v}$で運動しているとき，角速度$\boldsymbol{\omega}$は次のように定義される。

$$\boldsymbol{\omega} = \frac{\boldsymbol{r}\times\boldsymbol{v}}{r^2} \tag{3・25}$$

特に先にあげた円運動の場合は$\boldsymbol{r}$と$\boldsymbol{v}$は直交するので，(3・25）は（3・24）に等しくなるのは明らかである。

3.2節　繰り返しと条件分岐

3.2.1　繰り返し（ループ）

ここではJavaプログラムの基本技法である繰り返しと条件分岐に挑戦してみよう。まずは**繰り返し**から説明する。Javaにおける繰り返しの方法はいくつ

かあるが，本書では 2 つの代表的なものを紹介する。一つは **for** 文を利用する方法であるが，これは変数の値を調べて繰り返すということをベースにしている。

```
for (《変数の初期値》;《条件式》;《加算する値》) {
 ……繰り返す命令……
}
```

for 文の後に続く () 中の最初の変数の初期値を書き，次に繰り返しを実行している条件式を書く。最後に，繰り返すごとに変数をどう変更するかを書く。具体的には

```
for (int i = 1; i <= 10; i = i + 1) { ... }
```

のようになる。このように書くと，変数 i が 1 から 10 になるまで{...}を繰り返し行なうことになる。繰り返すごとに変数 i の値は 1 ずつ増えていくのでいずれ 11 となり，その時点で繰り返しから抜けることになる。なお，上記の場合は 1 ずつ増えるという操作が入っているが，この部分は

```
for (int i = 1; i <= 10; i++) { ... }
```

と書くこともできる。

繰り返しを実現する別方法は，**while** 文を利用することである。while 文は，条件が正しい間繰り返すという意味であり，以下のように書く。

```
while (《条件式》) {
    ……繰り返す命令……
}
```

［対話３－１］(Free_fall.java)

10m の高さからボールを静かに自由落下させた時, 時刻 t における速度, 加速度を計算するプログラムを作成せよ。ただし時間の刻み幅 dt を 0.01 秒とし，手を放した瞬間から 1 秒後まで計算すること。

```
public class Free_fall {
	public static void main(String[] args) {
		double y,v,a,g,t,dt;
		int   i;
		t=0.0;
		dt=0.01;
		g=9.8;
		for (i = 1; i <= 100; i++) {
			t=t+dt;
			a=-g;
			v=a*t;
			y=10+0.5*a*t*t;
			System.out.println(t+ ", "+ a + ", "+ v +", "+ y);
		}
	}
}
```

プログラムに関する説明

・時間の刻み幅 dt が 0.01 秒で 1 秒後まで計算するため，for 文で 100 回繰り返しをおこなっている。

・高校物理で学んだように，自由落下における加速度は重力加速度$g = 9.8[m/s^2]$である。自由落下の最中は，この加速度は一定に保たれるとする。

・念のために述べるが，繰り返しの間の各物理量は以下のようになる。

時間　　$t = t + dt$

加速度　　$a = -g$（一定）

速度　　$v = at$

位置　$y = 10 + \frac{1}{2}at^2$

［対話３－２］(Circle.java)

半径$A = 1$[m]の円上を，角速度$\omega = 1$ [rad/s]で運動している物体の，時刻tでの位置を計算せよ。ただし時間の刻み幅を 0.2 秒とし，6.4 秒後までを計算すること。また時刻$t = 0$での物体の位置は$(x, y) = (1,0)$であるとせよ。

```
public class Circle {
        public static void main(String[] args) {
                double x,y,A,omega,t,dt;
                int   i;
                t=0.0;
                dt=0.2;
                A=1.0;
                omega=1.0;
                for (i = 1; i <= 32; i++) {
                        t=t+dt;
                        x=A*Math.cos(omega*t);
                        y=A*Math.sin(omega*t);
                        System.out.println(x + ", "+ y);
                }
        }
}
```

プログラムに関する説明

・Java での三角関数は，Math.sin()，Math.cos()である。なお()内には，角度をラジアンの値で入れること。

・時刻 t における物体の位置は，以下の通りである。

x 座標　$x = Acos(\omega t)$

y 座標　$y = Asin(\omega t)$

3.2.2　条件分岐

条件分岐は，繰り返しに並んで重要な基本技法である。条件分岐をおこなうには **if** 文を使う。具体的な書き方は，以下の通りである。

```
if (《条件式》) {
        ……条件が正しいとき実行する命令……
}
```

条件が満たされない場合でも別の命令を実行させたいときは，以下のように書く。

```
if (《条件式》) {
        ……条件が正しいとき実行する命令……
}
else {
        ……正しくないとき実行する命令……
}
```

条件式の部分には，比較演算子と呼ばれるものが入る。具体的には，以下のようなものがある。

○○ == ××	○○と××は等しい[12]
○○ != ××	○○と××は等しくない
○○ < ××	○○は××より小さい
○○ <= ××	○○は××と等しいか小さい
○○ > ××	○○は××より大きい

---

[12] Java では値の代入に「=」を使うので,「等しいかどうか」というときは「==」を使って，代入と区別している。

○○ >= ××　　○○は××と等しいか大きい

［対話３－３］(Bound.java)

辺の長さが 100m の正方形内を動き回るボールの軌跡を計算せよ。ただしボールの初期値を$(x, y) = (50,0), (v_x, v_y) = (-5,2)$とし，ボールには一切の外力が働かないと仮定する。ボールは正方形の柔らかい壁に当たると，跳ね返ることを考慮すること。またこの系は２次元系であるとし，時間の刻み幅を１秒で 70 秒後までを計算せよ。

```
public class Bound {
        public static void main(String[] args) {
                int xpos, ypos, xvel, yvel,i,j;


                xpos=50;
                ypos=0;
                xvel=-5;
                yvel=2;
                for (i = 1; i <= 70; i++) {
                        xpos=xpos+xvel;
                        ypos=ypos+yvel;
                        if(xpos > 100 || xpos < 0) xvel=-xvel;
                        if(ypos > 100 || ypos < 0) yvel=-yvel;
                        System.out.println(xpos+ ", "+ ypos);
                }
        }
}
```

プログラムに関する説明

・ボールは正方形の壁に当たると跳ね返るが，これは速度の符号が逆転することで実現できる。つまり横の壁に当たった場合は速度のx成分の符号が，縦の壁に当たった場合は速度のy成分の符号が変化する。

・上記のことを実現するために，if 文を利用する。本プログラムで利用している if 文の（）内は，2 つの条件があげられている。この時は，以下のような記法を使う[13]。

```
○○ && ××    ○○かつ××
○○ || ××    ○○または××
```

3.2.3　グラフを描く

ここまでの計算は計算結果を数値として書き出していたが，これではわかりにくい。やはり視覚的に結果を表示したほうが，計算結果に納得がいくであろう。Java にはグラフィック機能があるのでそれを利用しても良いが，それまでにはいろいろなことを学ばなければならない[14]。その困難を避けるため，しばらくはエクセルでグラフ化することを試みる。エクセルでグラフ化するために，プログラム実行時に

```
java Bound > Bound_data ⏎
```

としてみよう。すると Bound_data というファイルが新たに作られ，その中に計算結果が数値として入っていることがわかる。

次にこのファイルをエクセルを用いて開くのだが，その際に元データの形式を聞いてくるので，「カンマやタブなどの区切り文字によってフィールドごとに区切られたデータ」を選択する。そして次にフィールドの区切り文字を聞いてくるので，次ページの図にあるようにカンマにチェックを入れる。これでボー

---

13 プログラムを実行するとわかるが，この方法では壁にボールがめり込んだ後で跳ね返ることになってしまう（次ページの図を参照）。本書ではプログラムをシンプルにとどめるため，柔らかい壁というやや現実離れした問題設定にしている。これは本書のレベルを，入門的なレベルに留めるためである。この点，どうかご容赦いただきたい。

14 Java のグラフィックス機能については，第 9 日以降に学んでいく。

ルのx座標，y座標の値が別々のセルに区切られたデータができる。後は散布図を用いてグラフ化すればよいのである。なおエクセルにおいては，2 組の数値データをグラフ化する際には散布図を利用すると便利である

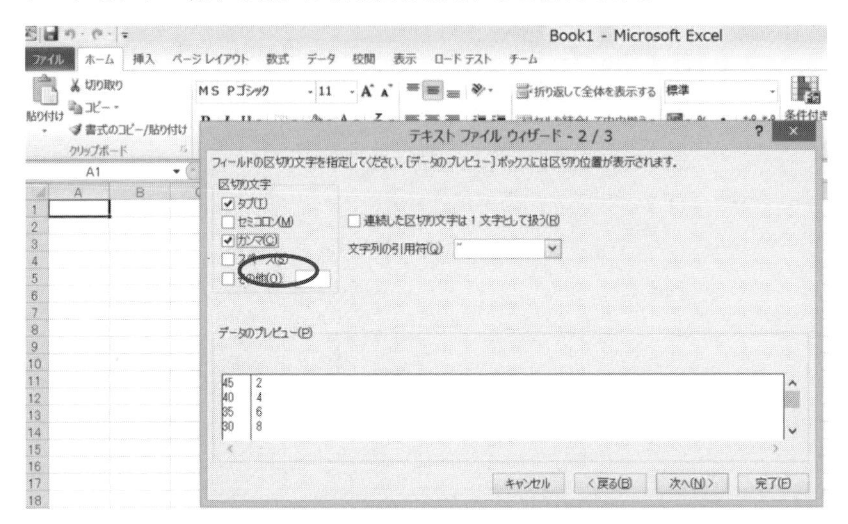

最後に Bound_data の結果をエクセルでグラフ化したものを載せておくので，参考にしてほしい。[15]

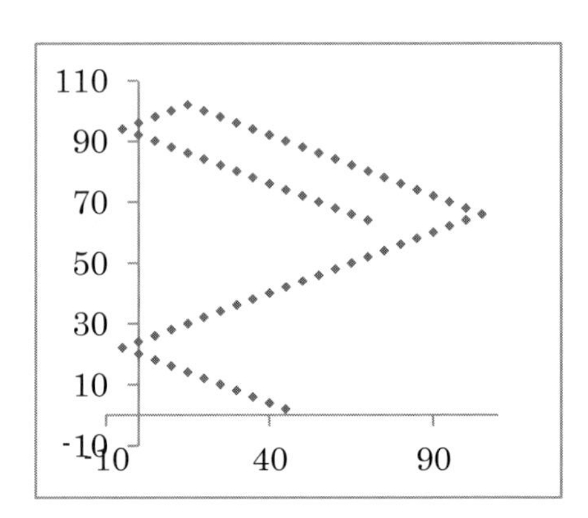

15 ほとんどのパソコンには Microsoft Office が搭載されていると考えられるので，本書ではエクセルを用いた。もちろんグラフ作成のためのフリーソフトもいくつか公開されているので，それらを導入してもよい。また Microsoft Office と互換性もあり無料で使える OpenOffice を利用しても，上と同様のグラフを描くことができる。

第4章　運動の法則

4日目

ここからは運動そのものだけを論ずる運動学を超えて，物体に働く力とその運動との関係を論ずる力学という部門に入っていく。力学の中心は，ニュートンによって打ち立てられた3つの法則である。**ニュートンの3法則**は極めて大切なうえ多くのことを語っているのだが，じっくり学習しないことが多い。これが後の理解を妨げる原因になるので，ここではその意味をやや詳細に検討してみよう。また微分方程式の数値解法についても，その基本的技法を論じることにする。

4.1節　ニュートンの3法則

4.1.1　運動の第一法則

ニュートンの**運動の第一法則**を説明するにあたり，その基礎となる「**力**」という概念について考えてみよう。力学では物体の運動の原因となるものを考えるが，その原因こそ力と呼ばれるものなのだ，という説明がなされることが多い。このような言い方は端的ではあるが漠然としてわかりにくいので，具体例で思いをめぐらせてみよう。たとえば，静止している物体を手で押すことを考える。物体を押すとその物体は加速度を得て前に動き出すが，押した手は圧迫を感じる。より大きい加速度を物体に与えようと押した場合のほうが，小さい加速度を与えようとして押した場合より，手はより大きな圧迫を感じる。この手が感じる圧迫こそが，力の素朴な概念である[16]。この素朴な概念を科学的に正確な概念としてまとめ，力と運動の関係をはっきりさせたのがニュートンである。

さてここからが，運動の第一法則の説明となる。上の例からわかるように，力を加えることで物体が動き出す。逆に動いている物体に力を加えることで，静止させることもできる。それでは力が働かない場合の物体の運動はどのよう

16　力は物体に加速度を生じさせる働きのほかに，物体を変形させる働きもする。後者については，弾性体の力学と呼ばれる学問分野で取り扱うことになる。

なものとなるであろうか。このことを述べているのが，運動の第一法則なのである。ニュートンは第一法則において，力の働かない場合の物体の運動を，以下のように言い表した。

外から力が作用しなければ，物体は静止あるいは一直線上の等速運動を続ける

残念ながら，運動している物体については摩擦などの外からの力の影響を完全に無くすことはできない。しかし氷の上を滑らせたり宇宙空間で投げたりするなど,外からの影響を少なくすればするほど等速直線運動に近くなることから，この法則が正しいことが推測される。しかし本質的には，この法則から直接・間接的に導かれる多くの事実が経験と矛盾しないことこそが，証明となるのである。現状の運動を保ち続けようとする性質を慣性というので，第一法則は**慣性の法則**と呼ばれることもある。

4.1.2　運動の第二法則

次に**運動の第二法則**について説明するが，その前に質量という概念が必要となる。物体の種類や大きさが異なると，同じ加速度を与えようとしても，大きさの違った力が必要となる。つまり物体の速度を変化させるには難易度の違いがあるが，この度合いを示すものが**質量**である。定量的に述べると，「２つの物体の質量の比は，同じ大きさの力がこれらの物体に作用したとき，おのおのが得る加速度の比の逆数である」となる。たとえば滑らかな床の上に一端を壁に固定しもう一端に物体 A をつないだばねを置く。A を引いてばねを一定の長さに伸ばした後に手を離すと A はばねの縮む方向に加速度を得て動き出すが，その加速度の大きさを適切な方法で直接測定しa_Aを得たとする。物体 A を物体 B に替えた後同じ長さにばねを伸ばして加速度の大きさを測りa_Bが得られたとする。物体 A，B のそれぞれの質量をm_A, m_Bとすると，先に述べた質量の定義から

$$m_A/m_B = a_B/a_A \quad (4\cdot1)$$

となるので，加速度の比から質量の比が求まる。ある定まった物体 O を基準に

取り，その質量を単位質量$m_O = 1$と定義すれば，全ての物体の質量が決まる。

次に力と質量・加速度の関係を見てみよう。先と同じ状態にあるばねの一端に物体Aをつなぎ，引いてみる。ただし今度はばねを伸ばす割合を変えて，手を離してみよう。ばねを伸ばす割合に応じて物体は異なった2つの大きさの加速度$a_A, {a_A}'$を得る。2つの力の比は同じ物体に与える加速度の大きさの比である，というように力を定義すると

$$F/F' = a_A/a'_A \qquad (4\cdot 2)$$

となる。逆に別の物体Bをばねにつなぎ，先と同じ長さだけ伸ばして手を離した際の加速度の比は

$$F/F' = a_B/a'_B \qquad (4\cdot 3)$$

となる。（4・2）（4・3）より，以下が成立する。

$$\frac{F}{F\prime} = \frac{m_A a_A}{m_A a_{A'}} = \frac{m_B a_B}{m_B a_{B'}} \qquad (4\cdot 4)$$

これを変形すると

$$\frac{F}{m_A a_A} = \frac{F\prime}{m_A a_{A'}} = \frac{F}{m_B a_B} = \frac{F\prime}{m_B a_{B'}} = k \qquad (4\cdot 5)$$

となる。ここで$\boldsymbol{k}$は物体および力に無関係な定数である。適切な単位系をとると$\boldsymbol{k = 1}$に設定できるので，結局以下が得られる。

$$F = ma \qquad (4\cdot 6)$$

ここまでは1次元で考えたが，3次元で考えるとスカラーがベクトルに変わるだけである。

$$\boldsymbol{F} = m\boldsymbol{a} \qquad (4\cdot 7)$$

また$\boldsymbol{a} = d\boldsymbol{v}/dt = d^2\boldsymbol{r}/dt^2$であるので，

$$m\frac{d\boldsymbol{v}}{dt} = \boldsymbol{F} \qquad \text{または} \qquad m\frac{d^2\boldsymbol{r}}{dt^2} = \boldsymbol{F} \qquad (4\cdot 8)$$

質量mが一定の場合は，**運動量$\boldsymbol{p}$**を以下の形で導入する。

$$\boldsymbol{p} = m\boldsymbol{v} \qquad (4\cdot 9)$$

これを用いると（4・8）は，以下のように書きなおせる。

$$\frac{d\boldsymbol{p}}{dt} = \boldsymbol{F} \qquad (4\cdot 10)$$

この数式を言葉で言い表すと，それが運動の第二法則となる。つまり

力が作用すれば，物体の力学的状態が変化する。このとき物体の運動量の時間的変化の割合は，作用した力に等しい

なお，第二法則（ニュートンの法則といわれることもある）を表す式を**運動方程式**と呼ぶ。

運動方程式に関連して，力の単位について述べよう。国際単位系（SI）における力の単位として**ニュートン[N]**があるが，1ニュートンは1キログラムの質量をもつ物体に1メートル毎秒毎秒[m/s^2]の加速度を生じさせる力と定義されている。（第2章参照）

4.1.3　運動の第三法則

最後に**運動の第三法則**について，その概要を述べる。第一・第二法則ではある物体に注目し，それが外から力を受けて運動する様子を思い描いていた。それでは2つの物体が互いに力を及ぼしあう運動についてはどうであろうか。たとえば壁を押せば，逆に自分も同じ力で壁から押し返される。人が壁に及ぼす力を作用，壁が人に及ぼす力を反作用と呼ぶことにしよう。作用と反作用の関係を，ニュートンは以下の簡潔な言葉で言い表した。

1つの物体Aが他の物体Bに作用を及ぼすときは，逆にBは必ずAに反作用を及ぼす。その大きさは互いに等しく，方向は2つの物体を結ぶ直線に沿い，その向きは反対である。

これを運動の第三法則（または**作用・反作用の法則**）と呼ぶが，$\boldsymbol{F}_{AB}$をAがBに及ぼす力，$\boldsymbol{F}_{BA}$をBがAに及ぼす力とすると，以下で表せる。

$$\boldsymbol{F}_{AB} = -\boldsymbol{F}_{BA} \qquad (4\cdot11)$$

4.1.4　ニュートンの3法則に関する補足説明

ここまでごく簡単に，ニュートンの3法則を見てきた。ただしさらっと読んだだけではあまり深い意味がわからないので，ここではそれぞれの法則についてやや突っ込んで見ていこう。

まず第一法則から再考する。一見すると第一法則は第二法則で$\boldsymbol{F}=0$とすれば出てくるので，不要であるかのように思われる。しかしこの法則は第二，第三法則が成り立つ舞台設定をしている重要な意味を持っている。たとえば駅に停車している電車の中で立っている場合を考えよう。電車が動き始めるときに，電車の進行方向とは逆の方向に体が倒れそうになるのを感じる。体に外力が働いていないのに体が加速を受けるが，これは力が働いているのではなく，そう感じているだけである。このような力を**見かけの力**，見かけの力を感じない座標系を「**慣性系**」と呼ぶことにしよう。実は第一法則は自明ではない慣性系を規定するもの，つまり外力を受けていない物体が等速度運動を続けるような座標系の存在を保証するという意味を持っている。そして第一法則が成り立つような座標系では，これに続く第二・第三法則も成立するのである。慣性系以外では第二，第三法則は成立しないので，第一法則は第二・第三法則の前提条件として不可欠なものである。なお非慣性系では慣性の法則が成立しないので，運動方程式には慣性力という見かけの力を導入する必要が生じる。また，慣性力には反作用が存在しない。（第９章参照）

次に第二法則を再考する。運動方程式は力と質量・加速度の間の関係を表現したものであるが，これは力の定義式なのであろうか，それとも力から加速度を，あるいは加速度から力を決定する法則とみるべきなのであろうか。結論から言うと，運動方程式は上記の両面を持ち合わせている。たとえば力として万有引力を考えて見よう。第８章でみるように万有引力は距離の２乗に反比例した力であるが，この関数形を直接知ることはできない。そもそも力は目でみることができず，物体を変形させたり運動方向を変化させたりなどといった目に見える現象から推測しなければいけないものである。そのようなものの関数形を知るためには間接的な方法を取る必要があるが，その手がかりとなるものが質量と加速度である。これらの物理量は物体に固有の量で，また測定可能である。そのため第二法則をひとまず力の定義式として見て，物体の質量と加速度（およびその軌道）から力の関数形を推測するのである。そしてひとたび万有引力の関数形が決まれば，それが働く別の系において今度はこれを法則とみる。そして先ほどとは逆に，力の関数形から物体の軌道を求めるのである。通常の力学の学習においては，力の関数形を与えて軌道を求めることが多いので運動方程式を法則と考えがちであるが，定義式の意味も持っていることをきちんと認識すべきである。

最後に運動の第三法則について再考する。第三法則の意味していることを端的に言うと，力というものは単独では存在できず必ずペアになって存在する，ということである。またペア同士の力の大きさは同じで向きが反対であることも，この法則は示している。このように書くと，なぜ綱引きで勝負がつくのかという疑問が出てくる。しかしこれは第三法則と力のつりあいを混同してしまっているため起こる誤解である。確かに綱を引き合う両チームの間で作用・反作用が生じているので，向きが逆なだけで同じ力の大きさで引っ張っているはずである。勝負がつく理由は，土のグラウンドの存在にある。これをはっきりさせるために，宇宙空間か氷のうえで綱引きをすることを考えよう。この場合は第三法則より，綱はどちらの側にも動かず勝負はつかない。しかし現実の綱引きでは，土のグラウンドのうえで足を踏ん張ることができる。グラウンド上で踏ん張ると，地面は力を受けるがそれと同じ大きさの力をチームの人たちに与える。この与えられた力が綱から引っ張られる力よりも大きければ，綱を引き寄せることができるのである。結局，地面から受ける力の差で勝敗が決まるのである。[17]

4.1.5　慣性質量と重力質量

運動の法則についての話を終える前に，これに関連して質量というものを再度考えてみよう。これまであまり明確に述べなかったが，質量には 2 つの定義が存在する。そして異なる定義によって定められたものの一つは**慣性質量**，もう一つは**重力質量**と呼ばれている。

慣性質量は，これまで述べてきた質量の定義から決められるものである。す

---

[17] エルンスト・マッハは『マッハ力学史』のなかで，ニュートンの第三法則を使って質量を定義することを提案している。つまり第三法則を「2 つの物体を作用させたとき，2 つの物体の加速度はつねに逆向きで，その大きさの比は 2 つの物体に固有な量になる」と解釈するのである。この方法は先に述べたものと本質的に同じなので，ここでは繰り返さない。

なわち物体を押した時の加速度を基に定義される質量で，慣性質量が大きいほど加速をつけるのが難しい。日常生活においても，普段一人で乗っている自動車に定員いっぱいの数の友人を載せた場合，車の加速が悪いと感じるであろう。これは慣性質量が大きくなったため，加速をつけるのが難しくなっているのである。

それではもう一方の重力質量というのは，どのような定義により決められるものなのであろうか。重力質量とは，物体が重力によって引かれる力の強さを基にして定義される質量である。より簡単に言うと，物を持ち上げるときに感じる重さを基準に決めた質量のことである。中学校で重さと質量の違いについて学習したことと思われるが，その際の質量とは重力質量のことである。

日常生活においては，慣性質量と重力質量を区別することはないであろう。その理由は慣性質量と重力質量を測定してみても，すべての物体についてその比が同じであることが実験的に確かめられていることによる。そのためこの比が 1 になるように単位を決めると，両者を区別せずに使っても日常生活には不都合を生じない。中学校の段階でも両者を区別しないが，それでも全く問題なかったのも同じ理由による。

運動方程式の観点から，これら2つの質量をまとめてみよう。運動方程式（4・8）の右辺，つまり力の中に出てくるのが重力質量である。一方で左辺に出てくる質量が慣性質量なのである。両者は物理的には意味の異なる別々の概念であることに注意して欲しい。重力が強く働く物体は力を加えても動かしにくいことは当たり前のような気がするが，本来動かしにくさと重力が強く働くことの間に，何の関わりもないはずである。なぜそのようになっているのかは不明であるが，アインシュタインはこれを必然の一致ととらえて一般相対性理論を打ち立てたことはよく知られている。本書は初等力学の書物であるので，これ以上この問題には触れないでおく。

4.2節　オイラー法

4.2.1　メソッドについて

これからオイラー法を利用したプログラムの作成に入るが，その前にメソッドについて，若干の補足説明をおこなう。Java のプログラムは複数行のプログラム文のかたまりから成り立っており，このかたまりのことをメソッドと呼ぶことは，第１章で述べた通りである。実はメソッドには Java において最初から用意されているメソッドと自作するメソッドの２種類がある。先に出てきた println は用意されているメソッドである。ここでは自作するメソッドについて考える。

　ある程度長いプログラムを書いていく場合は，プログラム中で意味や内容がまとまっている作業をひとつにまとめてしまったほうが，プログラム全体の見通しがよくなる。このようなことをおこなう場合は，Java においてはメソッドを自作するとよい。具体例で見ていこう。

［対話４－１］(Do_it_yourself.java)

　100を３倍するプログラムを作成せよ。

```
public class Do_it_yourself {
        public static void main(String[] args) {
                int p,q;
                  p=100;
                  q=triplication(p);
                  System.out.println(p+ "の３倍は"+ q);
        }
        public static int triplication(int n){
                  return n*3;
        }
}
```

プログラムに関する説明

・自作したメソッドは triplication である。一般に自作するメソッドは，以下のような形で書く。

修飾子 戻り値の型 メソッド名(データ型 引数)

今の場合，以下のようになる。

修飾子　public,　static　　戻り値[18]　int　　引数　n[19]

・プログラムの5行目の triplication(p)で，8〜10行目で自作したメソッドが呼び出されている。triplication メソッドの引数 p は整数型で 100，戻り値が q に代入されている。メソッドの呼び出しの基本形は以下の通りである。

変数 = メソッド名(データ型 引数)

・メソッドの中で return 文を使って，戻り値を返すことになる。
・今の場合はプログラムが短いので，自作メソッドの効果はあまり感じられないかもしれない。しかしこれからみるように，メソッドをうまく利用すると，プログラム全体の見通しがよくなる。

4.2.2　オイラー法の原理

メソッドの説明が終わったので，いよいよ**オイラー法**の説明に入ろう。オイラー法は，微分方程式の数値解法において最も基本的なものである。その他の解法はオイラー法を基にしているので，その原理を理解することは重要である。ある関数$y(t)$をtで微分することを考える。これは

$$y'(t) = \lim_{\Delta t \to 0} \frac{y(t+\Delta t) - y(t)}{\Delta t} \qquad (4 \cdot 12)$$

である。ここでΔtについて考えよう。コンピュータでは無限小を取り扱えないので，このままの形でΔtを取り扱うことは出来ない。しかしΔtを 0 ではないが

[18] main メソッドの戻り値は void であったが，これは戻り値がないことを意味している。
[19] main メソッドは，文字列配列 args を引数として受け取るように定義されている。これは Java のプログラムを起動する際，様々な追加情報（これをコマンドライン引数と呼ぶ）を指定して起動することができるようになっているからである。

かなり小さい値におけば，極限を取らなくても直感的には良い近似になっていそうである。つまり微分は差分で近似できそうなのである。

$$y'(t) \sim \frac{y(t+\Delta t)-y(t)}{\Delta t} \tag{4・13}$$

オイラー法の原理は，このことに尽きる。

この原理を基に，以下の方程式を解くことを考えよう。

$$\frac{dy}{dt}=f(y,t) \tag{4・14}$$

オイラー法では，左辺を差分に置き換える。

$$\frac{y(t+\Delta t)-y(t)}{\Delta t}=f(y,t) \tag{4・15}$$

これを変形すると，以下のようになる。

$$y(t+\Delta t)=y(t)+\Delta t f(y,t) \tag{4・16}$$

ここで$t.y$の初期値を$t_0\,,y_0$とし，さらに以下のような記法を導入する。

$$t_1=t_0+\Delta t \qquad t_2=t_1+\Delta t \qquad \cdots\cdots$$

$$y_1=y(t_1) \qquad y_2=y(t_2) \qquad \cdots\cdots$$

これを利用すると，(4・6) は以下のような漸化式となる。

$$y_{n+1}=y_n+\Delta t f(y_n,t_n) \tag{4・17}$$

一方でtはΔtずつ増えていくので，初期値$t_0\,,y_0$が与えられるとそれ以後が順次求まっていく。

$$t_0\,,y_0 \;\Rightarrow\; t_1\,,y_1 \Rightarrow t_2\,,y_2 \Rightarrow t_3\,,y_3 \Rightarrow \cdots\cdots$$

プログラムを書く場合，y を位置，t を時間，dt を時間の刻み幅とし，for を利用した繰り返しのなかで以下のようにすればよい。ここで述べたオイラー法は数学的に理解しやすく，プログラムの作成も簡単という長所がある。しかし微分方程式の数値解法としては精度が悪い，という欠点を持っている。しばらくはこの精度の悪さに目をつむり，オイラー法を用いて様々な問題に挑戦してみることにしよう。

```
for (《変数の初期値》;《条件式》;《加算する値》){
        y=y+dt*f;
        tnew=t+dt;
        System.out.println("" + tnew + ", "+ y);
}
```

［対話４－２］(Sep_variables.java)

以下の変数分離型の微分方程式を解くプログラムを作成せよ。

$$\frac{dy}{dt} = -\frac{y}{t}$$

```
public class Sep_variables {
        public static void main(String[] args) {
            double y,t,dt,tmin,tmax,tnew;
            y=1.0;
            tmin=1.0;
            dt=0.1;
            tmax=9.0;
            System.out.println(tmin+ ", "+ y);
            for(t=tmin;t<tmax;t=t+dt){
                    y=y+dt*f1(t,y);
                    tnew=t+dt;
                    System.out.println(tnew + ", "+ y);
            }
      }
      public static double f1(double t,double y){
            return -y/t;
      }
}
```

プログラムに関する説明

・t=1.0～9.0 の間で，刻み幅 0.1 で計算をおこなっている。また初期値を t=1.0, y=1 としている。

・8 行目で t, y の初期値を書きだしている。

・9～13 行目がオイラー法の部分になっている。10 行目で新しい y の値，11 行目で新しい t の値を計算している。

・15〜17 行目において微分方程式の右辺の関数を，f1 という自作メソッドで表現している。後でみるように別の関数形をもつ微分方程式を解く場合は，自作メソッドの中だけを書き換えればよい。

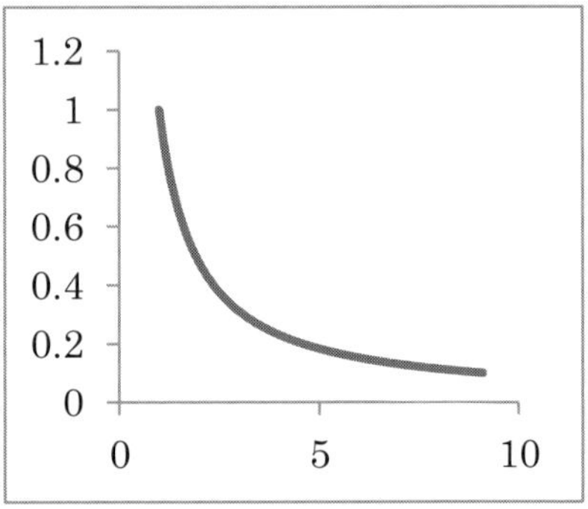

なおここで与えられた微分方程式は，以下のようにすると解くことができる。この微分方程式を変形すると

$$\frac{dy}{y} = -\frac{dt}{t}$$

となる[20]。この状態で両辺を積分して変形すれば

$$log|y| = -log|t| + C_1$$

Cを積分定数として，上式は以下のように変形できる。

$$ty = C$$

ところがオイラー法を用いて計算した結果を見てみると，tyの値は一定値ではなくどんどん小さくなっていくことに気づく。これが数値計算の宿命である誤差というものである。特にオイラー法は精度の問題があり，少し計算を進めるとすぐに誤差が大きくなってしまう。刻み幅dtを 0.01 のように小さくしてみると，誤差もそれに合わせて小さくなっていくことがわかる。しかし誤差は依然大きいため，オイラー法をより精度の良いものに改良する必要がある。これについては第 7〜8 章でおこなう。

4.2.3　微分方程式とコンピュータ

初等力学ではニュートンの 3 法則を前提として，物体の運動を論じる。今後の学習においては力の関数形を与え，それをもとに物体の空間的な運動の状況を求めていくことになる。その中心となるのが第二法則，つまり運動方程式を

---

[20]左辺が y のみ右辺が t のみの関数となるので，この微分方程式は変数分離型と呼ばれる。

解くことである。運動方程式（4・7）をみると，これが２階の微分方程式になっていることがわかる。そのため初等力学の学習の大部分が，微分方程式を解くという純数学的作業に費やされる。

もちろん力学の学習の中には運動方程式を立式するという，数学ではない物理学固有の作業も含まれるので，このような見方は極端であろう。しかしそれでも数学的な技法の習得に多くの時間を費やしてしまうことは事実である。まずいことに解析的に積分ができるものは限られているため微分方程式も解けるものはごくわずかで，大部分の興味ある現象は立式ができても解くことができない。結局，微分方程式を解く様々な技法を習得しても実用的には使えない。これでは全く学習の甲斐がない，と思って挫折する人も多いのではないだろうか。

第１章で述べたように，コンピュータを利用するとこのようなことは起きない。習得する技法は原理的にはただ１つであり，ひとたび習得すれば（精度の問題を除くと）任意の現実的な問題に適応可能である。精度を上げるためにより洗練された技法を学ばなければならないが，それでも微分方程式の解法よりもはるかに数が少ない。これを実感するために，以下のプログラムを実行してみよう。

［対話４－３］(Linear.java)

以下の線形微分方程式を解くプログラムを作成せよ。

$$\frac{dy}{dt} = t^3 + \frac{y}{t}$$

```
public class Linear {
        public static void main(String[] args) {
                double y,t,dt,tmin,tmax,tnew;
                y=1.0;
                tmin=1.0;
                dt=0.1;
                tmax=9.0;
```

```
                System.out.println(tmin+ ", "+ y);
                for(t=tmin;t<tmax;t=t+dt){
                        y=y+dt*f1(t,y);
                        tnew=t+dt;
                        System.out.println("" +tnew+ ", "+ y);
                }
        }
        public static double f1(double t,double y){
                return Math.pow(t,3)+y/t;
        }
}
```

プログラムに関する説明

・先のプログラムと異なっている部分は，クラス名と自作メソッドの部分だけである。プログラムを一度書くとその後はどんどん使いまわしていけることを，この例で実感してほしい。

・ここでは指数関数が必要となるが，a^b は Math.pow(a, b) とすればよい。これを 16 行目で利用している。

なおここで挙げた微分方程式は線形微分方程式と呼ばれるもので，解析的に解けることが知られている。積分定数を C とすると，この方程式の解は以下の通りである。しかしその解き方は，変数分離型の解き方とは異なる。

$$y = x\left(\frac{x^3}{3} + C\right)$$

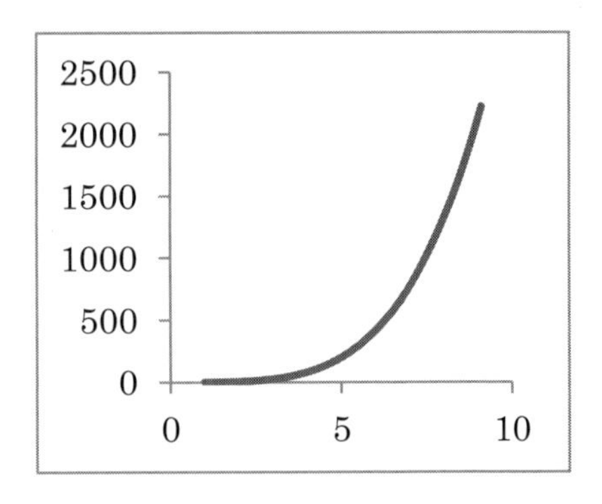

第5章　様々な運動

5日目

ニュートンの3法則についての説明が終わったので，今回から具体的な力学の問題に挑戦することにしよう。まずは高校レベルの簡単な運動について実際に運動方程式を立式し，それを解くことを試みたい。前半部分では自由落下・放物運動・斜面の運動・アトウッドの器械について説明し，後半部分でオイラー法を利用してこれらを数値的に解くことに挑戦する。コンピュータと対話することで，解析的に解くのが面倒な問題でも簡単に答えを導き出せることを体感してほしい。

5.1節　自由落下～アトウッドの器械

5.1.1　質点

具体的な運動を考える前に，質点という概念を導入しておく。物体の大きさや形を無視してこれを幾何学的な点とみなし，質量だけを与えたものを考えよう。このようなものを**質点**と呼ぶ。もちろん一般的にすべての物体は大きさがあるから，質点は仮想的なものである。本来は大きさのある物体の運動を調べる必要があるが，系のスケールに比べて物体の大きさが小さいときなどは，その物体を質点とみなしてよいであろう。もちろん大きさを無視できない物体の場合では，質点という概念は使えない。しかし物体を多数の微小部分に分割した場合，微小部分は大きさのない質点と見なせる。つまり大きさのある物体は，質点系と見なせることになる。（第10～11章参照）いずれにしても，質点を考えることは決して現実離れしているわけではない。質点についての力学は，力学全体の基礎となる。

5.1.2　自由落下と抵抗

ガリレオは物体の落下運動を研究することで，近代的な力学研究の扉を開けた。落下運動については第3章で若干取り上げてはいるが，ここではさらに詳しく見ていこう。まずは質点を高さhの地点から静かに手を放し，**自由落下**させることから考えてみよう。質点は大きさmgの力で下に引っ張られるが，質点

は大きさがないので空気抵抗を受けず，どんどん速度を増しながら落下していく。鉛直方向にy軸を取ると，運動方程式は

$$m\frac{d^2y}{dt^2} = -mg \tag{5・1}$$

これらを時間 t について積分すると

$$\frac{dy}{dt}(= v) = -gt + c \tag{5・2}$$

$$y = -\frac{1}{2}gt^2 + ct + d \tag{5・3}$$

今の場合は$c = 0, d = h$であるので，最終的には以下のように解ける。

$$v = -gt \tag{5・4}$$

$$y = h - \frac{1}{2}gt^2 \tag{5・5}$$

今度は質点ではなく，大きさをもった小石を自由落下させる場合を考える。この場合は小石には空気抵抗が働くが，その大きさは速度の 2 乗に比例することが知られている。そのため，運動方程式は以下のようになる。

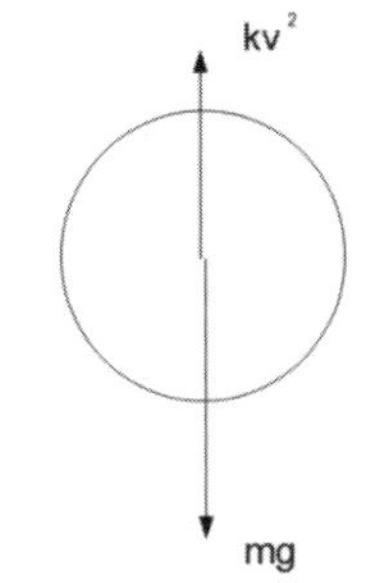

$$m\frac{d^2y}{dt^2} = kv^2 - mg \tag{5・6}$$

ここでvは小石の速度で，kは定数である。この運動方程式を解析的に解くのは難しいので，次節ではコンピュータを使って数値的に解くことにする。

5.1.3　放物運動と抵抗

質点をある高さをもつ地点 O から水平にVの速さで投げた場合を考える。O を座標原点，水平にx軸，鉛直にy軸を取る。質点（質量m）に大きさがないことから空気抵抗などは働かず，鉛直下向きの重力のみが働くことになる。そのため，運動方程式を以下のように立てることができる。

$$m\frac{d^2x}{dt^2} = 0 \qquad m\frac{d^2y}{dt^2} = -mg \tag{5・7}$$

これらを時間tについて積分すると

$$\frac{dx}{dt} = a \qquad \frac{dy}{dt} = -gt + c \tag{5・8}$$

$$x = at + b \qquad y = -\frac{1}{2}gt^2 + ct + d \tag{5・9}$$

初期条件を考慮すると積分定数a, b, c, dは

$$a = V \qquad b = c = d = 0 \qquad (5・10)$$

と定まる。これを先の式に代入すると，

$$x = Vt \qquad y = -\frac{1}{2}gt^2 \qquad (5・11)$$

両式からtを消去すると，

$$y = -\frac{g}{2V^2}x^2 \qquad (5・12)$$

つまり質点は放物線を描いて落下していく。

次に，質点を地点Ｏから斜め上に投げ上げた状態を考えて見よう。運動方程式は先と同じで，初期条件が違うだけである。初期条件として初速度Ｖで水平から角度αの方向に投げたとすれば，積分定数a, b, c, dは

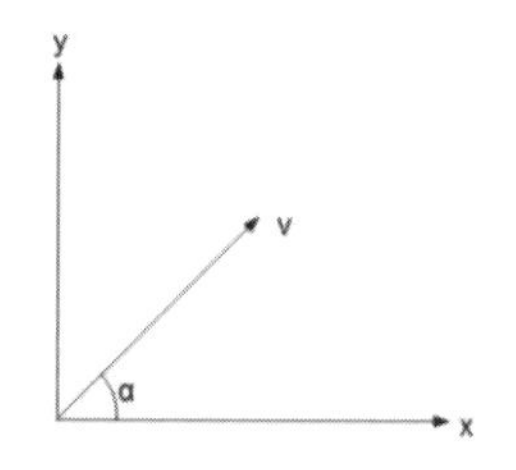

$$a = V cos\alpha \qquad c = V sin\alpha \qquad b = d = 0 \qquad (5・13)$$

と定まる。これを先の式に代入すると，

$$\frac{dx}{dt} = V cos\alpha \qquad \frac{dy}{dt} = -gt + V sin\alpha \qquad (5・14)$$

$$x = Vtcos\alpha \qquad y = -\frac{1}{2}gt^2 + Vtsin\alpha \qquad (5・15)$$

（5・15）の２つの式からｔを消去すると，質点の軌道の式として

$$y - \frac{V^2 sin^2\alpha}{2g} = -\frac{g}{2V^2 cos^2\alpha}\left(x - \frac{V^2 sin2\alpha}{2g}\right)^2 \qquad (5・16)$$

これは$(V^2 sin2\alpha/2g, V^2 sin^2\alpha/2g)$を頂点とする，上に凸な放物線である。つまり初期条件の違いに関わらず，質点は放物運動をおこなうのである。

それでは質点を小石に変えた場合はどうであろうか。先に述べたように小石には空気抵抗が働くので，放物運動にならない。やはり解析的に解くのは難しいので，次節でコンピュータを使って数値的に解くことにする。

5.1.4　斜面の運動と摩擦

水平な床の上におかれた質点が床にめり込まないのは，質点に働く重力とつりあう逆向きの力が床から質点に働くからである[21]。このような力を床の**抗力**

---

21 これは運動の第三法則の具体例である。

と呼ぶ。抗力は水平な床だけなく，斜面でも斜面と直角の方向に働く。

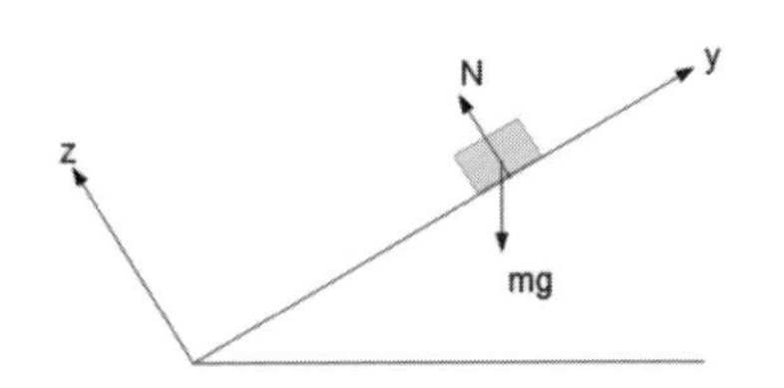

さて斜面上に置かれた質点の運動を考えよう。斜面上のある地点から静かに手を放すと，質点は斜面を滑り落ちる。ただし斜面は滑らかとし，摩擦力は働かないとする。運動方程式を立式するにあたり，斜面に沿ってy軸，それと直交するようにz軸を取る座標系を設定する。さらにx軸は紙面と直交するように取るが，この運動が 2 次元運動であることはあえて言わなくてもわかるであろう。そのため，y, z軸のみあれば十分である。なお斜面と水平面とのなす角をαとする。質点には重力と斜面からの抗力が働くことに注意すると，y軸方向及びz軸方向の運動方程式は以下のようになる。

$$m\frac{d^2y}{dt^2} = -mgsin\alpha \qquad (5・17)$$

$$0\left(= m\frac{d^2z}{dt^2}\right) = N - mgcos\alpha \qquad (5・18)$$

z軸方向の運動方程式はつりあいの式であり，これによって垂直抗力の値がわかる。斜面上の運動を調べたい場合は（5・17）を解けばよいのであるが，これは自由落下の運動方程式（5・1）の右辺に，$sin\alpha$が付け加わっただけである。つまり質点の自由落下運動の加速度gに比べ，斜面運動の加速度は$gsin\alpha$と小さくなる。重力加速度は大きく，初速度 0 で静かに質点から手を放しても 5 秒後には 120m 以上落下してしまう。しかし斜面を使うと，斜面上を滑り落ちる加速度の大きさを測定しやすい小さな値に変えられる。ガリレオは自由落下を研究するために斜面をうまく使ったことはよく知られているが，その効果はここにあげた事例で理解できるであろう。

次に粗い斜面上を物体が滑り落ちる場合を考える。ただし物体は小さく，その空気抵抗は無視できるとする。この場合も先と同じようになると感じるかもしれないが，今度は摩擦力が働く。

この問題に挑戦する前に，摩擦力について若干の説明を加える。摩擦力とは 2 つの物体が接触している際に，その接触面に平行な方向に働く力である。例えば水平な机の上で物体を水平方向に弱い力で引っ張っても，物体は動かない。

これは物体を引っ張ろうとした方向と逆の向きに，それと同じ大きさの力が働いているからに他ならないが，この力こそ摩擦力なのである。ただし摩擦力には静止摩擦力と動摩擦力があり，静止している物体を動かそうとする際に働く摩擦力は**静止摩擦力**である。静止摩擦力が働き物体が動かない場合は，その大きさfは外力 F に等しい。

$$f = F \quad (5・19)$$

物体が動き出す直前の最大の静止摩擦力を，最大摩擦力という。最大摩擦力は垂直抗力Nに比例し，その比例定数を**静止摩擦係数**という。最大摩擦力をf_0，静止摩擦係数をμとすると

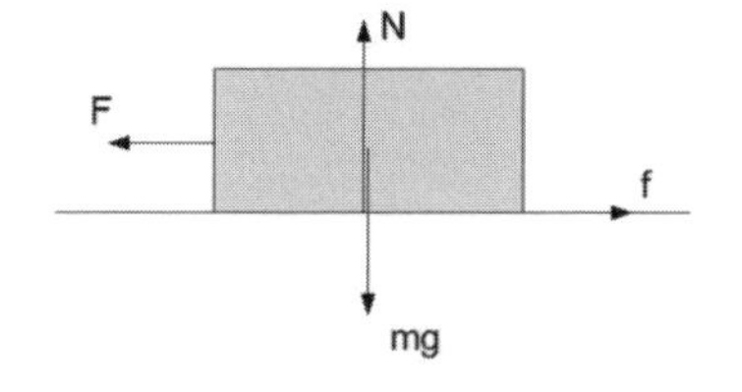

$$f_0 = \mu N \quad (5・20)$$

である。なお，物体が静止していられる条件は加えられる力Fが

$$F \leq \mu N \quad (5・21)$$

の場合である。これよりも大きい力が働くと物体は動き出すが，この時働く摩擦力を**動摩擦力**と呼ぶ。その大きさは実験によると相対速度によらずほぼ一定である。動摩擦力f'も静止摩擦力と同じく垂直抗力Nに比例するが，その比例定数を**動摩擦係数**μ'という。この時も（5・20）と同じ関係が成立する。

$$f' = \mu' N \quad (5・22)$$

なおここで述べた摩擦力に関する実験事実は，クーロンによって3つの法則の形にまとめられた。

第1法則	平面上におかれた物体に働く摩擦力は，物体が平面を押す垂直抗力に比例する。
第2法則	摩擦力は滑り速度には関係しない
第3法則	静止摩擦力は動摩擦力よりも大きい

クーロンの法則を利用して，粗い斜面上を物体が滑り落ちる場合を考えてみよう。物体には重力，垂直抗力のほかに摩擦力が働いている。滑り落ちているので，物体に働いている摩擦力は動摩擦力である。この場合の運動方程式は

$$m\frac{d^2y}{dt^2} = -mgsin\alpha + \mu' N \qquad (5・23)$$

$$0\left(= m\frac{d^2z}{dt^2}\right) = N - mgcos\alpha \qquad (5・24)$$

両式からNを消去して

$$\frac{d^2y}{dt^2} = -gsin\alpha + \mu' gcos\alpha \qquad (5・25)$$

後はこれを解くだけでよい。なお質点が斜面上方に向かって移動している場合は，運動方程式は以下のように変更される。

$$\frac{d^2y}{dt^2} = -gsin\alpha - \mu' gcos\alpha \qquad (5・26)$$

5.1.5　アトウッドの器械

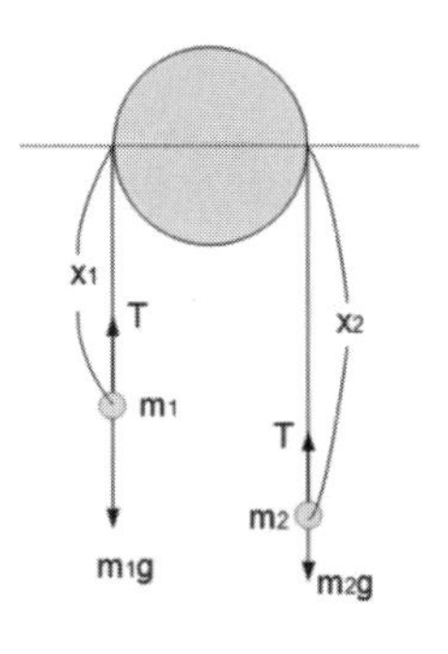

斜面を利用すると加速度を小さくできることは先に見たが，滑車を使っても同じ効果を得ることが可能である。これを**アトウッドの器械**と呼ぶ。図のような固定滑車の両端に，質量m_1, m_2の質点をつける。糸と滑車の間には摩擦がなく，糸はとても軽いものとする。各々の質点に働くのは糸の張力と重力である。質点の運動に関わらず張力は一定であることがわかっているので，ここでもその事実を利用すると

$$m_1\frac{d^2x_1}{dt^2} = m_1g - T \qquad (5・27)$$

$$m_2\frac{d^2x_2}{dt^2} = m_2g - T \qquad (5・28)$$

とする。さらに糸が伸び縮みしないという条件を課すと

$$x_1 + x_2 = const \quad \Rightarrow \quad \frac{d^2x_1}{dt^2} + \frac{d^2x_2}{dt^2} = 0 \qquad (5・29)$$

である。これらを連立して解くと，以下のようになる。

$$\frac{d^2x_1}{dt^2} = -\frac{d^2x_2}{dt^2} = \frac{m_1-m_2}{m_1+m_2}g \qquad (5・30)$$

$$T = \frac{2m_1m_2}{m_1+m_2}g \qquad (5・31)$$

（5・30）からわかるように，2つの質点の質量の差で加速度の大きさが調整できる。そのためアトウッドの器械は，斜面と同じく等加速度運動の実験に便利である。

5.1.6　束縛運動

これまで様々な運動を見てきたが，運動の種類が自由運動と束縛運動の2つに分かれることに気付かれたと思う。**自由運動**とは質点が空間を自由に動くことができる運動であり，落下運動や放物運動がそれに該当する。**束縛運動**とは質点がある曲線や曲面上を動くように制限された運動であり，斜面の運動やアトウッドの器械がそれに該当する。自由運動の場合は重力等の与えられた強制力だけが働くので，質点の運動を線上や面上に制限することができない。ところが束縛運動の場合は運動が制限されるが，これは強制力のほかに垂直抗力などの束縛力が働くからである。そのため束縛運動の場合は，運動方程式を立式する際には束縛力を正しく把握しておく必要がある。

5.2節　2階微分方程式の解法

5.2.1　2階微分方程式の解法の原理

第4章でオイラー法による微分方程式の解法を説明したが，そこで解いたのは1階微分方程式であった。ところが運動方程式は2階微分方程式であるので，先の説明だけでは不足である。2階微分方程式を解くには，どうすればよいのであろうか。実は2階微分方程式は，２つの1階微分方程式に書き直せる。そのため1階の微分方程式を解く方法さえわかれば，2階微分方程式を解くことに困難はない。

このことを具体的に見ていこう。運動方程式の形は以下の通りであった。

$$m\frac{d^2y}{dt^2} = F \qquad (5・32)$$

説明を簡単にするため，質量を $m=1$ としておく。解法の鍵となるのは，新たな変数vを持ち込むことにある。以下のように変数vを定義すると，先の2階微分方程式は2つの1階微分方程式となることがわかる。

$$\frac{dy}{dt}=v \tag{5・33}$$

$$\frac{dv}{dt}=F \tag{5・34}$$

一般にn階微分方程式は，n個の1階微分方程式を連立させて解けばよい。プログラムもこれに応じて作ればよいので，難しいものではないことを理解してほしい。具体的にはyを位置，vを速度，tを時間，dtを時間の刻み幅としたとき，whileを利用した繰り返しのなかで

```
while ( 《条件式》 ) {
        y = y + v*dt;
        v = v + F*dt;
        t=t+dt;
}
```

とすればよいのである。もちろん，繰り返しとしてfor文を利用してもよい。

5.2.2　オイラー法で自由落下を再現する

［対話5－1］(Free_fall.java)

質量$m=10^{-2}$kg，半径$r=10^{-2}$m の球形の小石を自由落下させることを考える。一般に空気抵抗は小石の質量と大きさ（半径）によるが，今の場合は$k=10^{-4}$kg/m であることがわかっているとする。このことを考慮に入れて，運動方程式（5・6）を解くプログラムを作成せよ。

```
public class Free_fall {
        public static void main(String[] args) {
                double y,v,g,a,t,dt,tnew,k,m;
                m=0.01;
                y=200.0;
```

```
			v=0.0;
			g=9.8;
			t=0.0;
			dt=0.01;
			k=0.0001;
			System.out.println(t+ ", "+ y + ", "+   v);
			while(y>0){
				y = y + v*dt;
				v = v + f1(m,k,v,g)*dt;
				t=t+dt;
				System.out.println(t + ", "+ y + ", "+   v);
			}
	}
	public static double f1(double m,double k,double v,double g){
			return k*v*v/m-g;
	}
}
```

プログラムに関する説明

・13 行目で小石の位置を，14 行目で速度をそれぞれ計算している。計算式をみると，オイラー法を採用していることがわかる。

・力の部分をメソッドとして定義していることに注目してほしい。

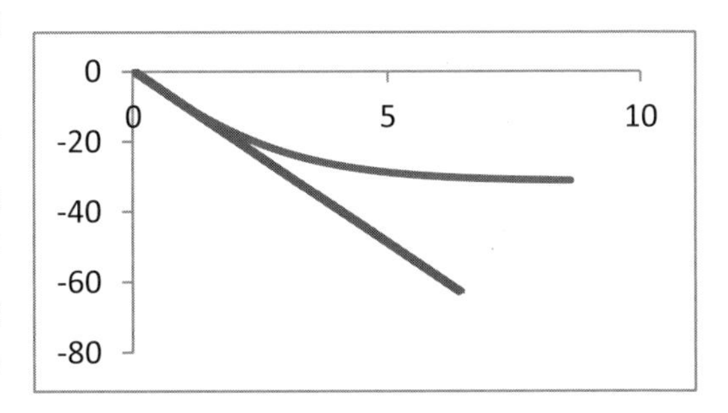

空気抵抗kの値を 0 にして再度実行し両者の違いをグラフ化したものを，右にあげておく。横軸は経過時間，縦軸は速度である。このグラフをみると，2 秒程度経過した段階から明らかに空気抵抗の

効果が出てくることがわかる。計算するとわかるように 2 秒で約 20m 程度落下するが，これだけ落下しただけで空気抵抗の影響が現れることを体感してほしい。なお，小石は早く落下するほど空気抵抗が大きくなるので，速さの限界，つまり終速度が存在する。このグラフからもわかるように，約 30m/s 程度が終速度である。

5.2.3　オイラー法で放物運動を再現する

［対話５－２］(Parabola.java)

先と同じ小石を，初速度 60m/s で斜め上方 60 度に投げ上げることを考える。この場合を再現するプログラムを作成せよ。

```
public class Parabola {
        public static void main(String[] args) {
            double x,y,vx,vy,g,a,t,dt,tnew,k,m;
                m=0.01;
                x=0.0;
                y=0.0;
                vx=20.0*Math.cos(Math.toRadians(60));
                vy=20.0*Math.sin(Math.toRadians(60));
                g=9.8;
                t=0.0;
                dt=0.01;
                k=0.0001;
                System.out.println(t+ ", "+ x + ", "+   y);
                while(y>=0){
                        x = x + vx*dt;
                        y = y + vy*dt;
                        vx = vx + f1(m,k,vx,g)*dt;
                        vy = vy + f2(m,k,vy,g)*dt;
                        t=t+dt;
```

```
                        System.out.println(t + ", "+ x + ", "+   y);
                }
        }
        public static double f1(double m,double k,double v,double g){
                if(v>=0){
                        return -k*v*v/m;
                } else{
                        return k*v*v/m;
                }
        }
        public static double f2(double m,double k,double v,double g){
                if(v>=0){
                        return -k*v*v/m-g;
                } else{
                        return k*v*v/m-g;
                }
        }
}
```

プログラムに関する説明

・7・8行目でコサイン，サイン関数を用いている。これらの引数はラジアンでなければならないので，`Math.toRadians(60)`として60度をラジアンに変更している。

・30行目では，小石が上昇する場合は空気抵抗が下向きにかかり，落下の場合は上向きにかかることを考慮に入れている。

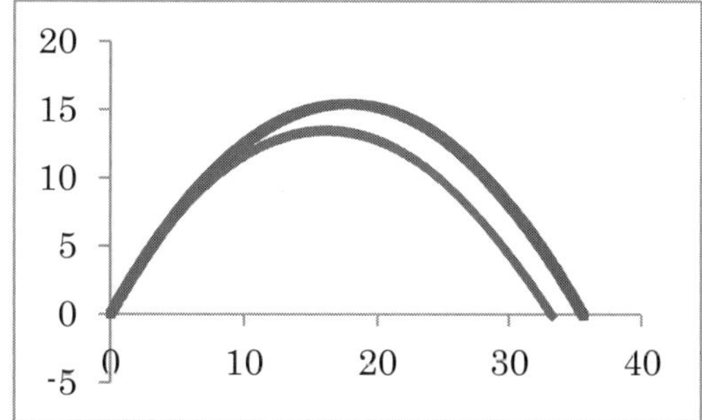

先と同じく，空気抵抗kの値

を 0 にして再度実行し両者の違いをグラフ化したものを，図にあげておく。横軸・縦軸は物体のx, y座標を表す。このグラフをみると，x 軸が 10m 程度から，明らかに空気抵抗の効果が出ていることがわかる。

5.2.4　オイラー法で斜面運動を再現する

［対話 5 － 3］(Slope.java)

質量$m = 1$kg の質点を，仰角 60 度の斜面上方にはじく場合を考えよう。動摩擦係数 0.3，運動方程式（4・6）を解くプログラムを作成せよ。なお今の場合は斜面の傾きが大きく，途中で物体が止まらないとせよ。

```
public class Slope {
        public static void main(String[] args) {
                double m,y,vy,g,t,dt,mu;
                m=1.0;
                y=0.0;
                vy=10.0;
                g=9.8;
                t=0.0;
                dt=0.01;
                mu=0.3;
                System.out.println( t + ", "+ y);
                while(y>=0){
                        y = y + vy*dt;
                        vy = vy + f1(mu,vy,g)*dt;
                        t=t+dt;
                        System.out.println(t + ", "+ y);
                }
        }
        public static double f1(double mu,double v,double g){
                if(v>=0){
```

```
                    return -g*Math.sin(Math.toRadians(60))
                              -mu*g*Math.cos(Math.toRadians(60));
          } else{
                    Return   -g*Math.sin(Math.toRadians(60))
                              +mu*g*Math.cos(Math.toRadians(60));
          }
     }
}
```

プログラムに関する説明

・21 行目と 22 行目，および 24 行目と 25 行目は，本来は一行で書くべきものである。印刷の都合で 2 行にわたっていることに注意してほしい。

・先の例題と同じく物体が斜面上方・下方に運動している場合では，摩擦力が逆に働くことを考慮している。

5.2.5　オイラー法でアトウッドの器械を再現する

［対話５－４］(Atwood.java)

10kg の質点m_1と 9kg の質点m_2を吊り下げて，アトウッドの器械を作ったとする。それぞれの初期位置を 5m および 10m として，運動方程式（5・30）を解くプログラムを作成せよ。

```
public class Atwood {
     public static void main(String[] args) {
          double m1,m2,x1,x2,vx1,vx2,g,t,dt;
          m1=10.0;
          m2=9.0;
          x1=5.0;
          x2=10.0;
          vx1=0.0;
          vx2=0.0;
```

```
                    g=9.8;
                    t=0.0;
                    dt=0.01;
                    System.out.println(t + ", "+ x1);
                    while(x2>=0){
                              x1 = x1 + vx1*dt;
                              vx1 = vx1 + f1(m1,m2,g)*dt;
                              x2 = x2 + vx2*dt;
                              vx2 = -vx1;
                              t=t+dt;
                              System.out.println(t + ", "+ x1);
                    }
          }
          public static double f1(double m1,double m2,double g){

                    return (m1-m2)/(m1+m2)*g;
          }
}
```

プログラムに関する説明

・質点 1 と質点 2 の速度は大きさが同じで向きが逆であることを，18 行目で利用している。

・質点 2 が上昇するので，14 行目の while で車輪が動ききれなくなるタイミングで計算を打ち切っていることに注意すること。

第6章　運動量と運動エネルギー

6日目

力学という学問が形成される途中段階であった17世紀後半から18世紀にかけて，活力論争と呼ばれるものがあったことをご存知だろうか。**活力論争**を一言で述べると，運動の激しさを表すものが速度（つまり運動量）なのか，それとも速度の2乗（つまり運動エネルギー）なのかという論争である。現代物理学においては運動量と運動エネルギーは異なった概念で，それぞれがそれぞれの役割を負いながら力学を体系的なものにしていることはよく知られている。そのため1686年のライプニッツによるデカルト批判によって始まった活力論争は，現代においてはあまり意味を持たないように感じるかもしれない。しかし力学の初学者にとっては，これら2つの区別があいまいになってしまうことが多い。そのためその違いに注意しながら，運動の激しさを表すこれら2つの量を導入する。また今後必要となる，Javaにおけるクラスとパッケージについても学習する。

6.1節　運動量・運動エネルギー

6.1.1　運動量と力積

運動量については，質量と速度の積として既に（4・9）で導入済みである。物体が運動しているとき物体の質量が大きいほど，また物体の速度が大きいほど，運動は激しいものとなることは明らかである。そのためこれらの積として定義される運動量は，確かに運動の激しさを表現する指標となるであろう。なお速度がベクトルなので，運動量もベクトルとなることに注意してほしい。

運動量に関連して，運動方程式（4・10）を考えてみよう。特に外力が働かず右辺が恒等的に0となる場合は，

$$\frac{d\boldsymbol{p}}{dt} = \boldsymbol{0} \qquad (6\cdot1)$$

である。これは運動量が一定であることを示しており，

> 外力が作用しない時は質点の運動量は一定である

と表現できる。これを**運動量保存の法則**という。

ここから運動方程式を積分するという観点から，話を進めてみよう。運動方程式（4・10）の両辺を，時刻t_1から時刻t_2まで積分すると

$$\boldsymbol{p}(t_2)-\boldsymbol{p}(t_1)=\int_{t_1}^{t_2}\boldsymbol{F}dt \tag{6・2}$$

となる。右辺をt_1からt_2までの**力積**といい，

$$\boldsymbol{\Phi}=\int_{t_1}^{t_2}\boldsymbol{F}dt \tag{6・3}$$

と書く。この場合（6・2）は以下のように言い表せるが，これを**運動量の定理**と呼ぶ。

> ある時間内の質点の運動量の増加は，その時間内に質点に作用した力積に等しい。

先に運動量を天下り的に与えたが，運動方程式を時間積分することで自然なかたちで運動量が導入されることを理解してほしい。

なおt_2-t_1が極めて小さいとき，$\boldsymbol{F}$が普通の大きさであれば$\boldsymbol{\Phi}$も小さな量になる。しかし$\boldsymbol{F}$が極めて大きいときは，$\boldsymbol{\Phi}$は有限の値になる。このような力を**衝撃力**という。衝撃力は一瞬しか働かないが，物体の運動量に有限の変化をもたらす。そのため運動量の変化をみることで，衝撃力の性質を調べることができる。

6.1.2　仕事と運動エネルギー

質点に一定の力$\boldsymbol{F}$を作用させ，一直線の変位$\boldsymbol{s}$を引き起こした場合を考えよう。この時

$$\boldsymbol{F}\cdot\boldsymbol{s}=Fs\cos\theta \tag{6・4}$$

を力$\boldsymbol{F}$がその間に質点に対してなした**仕事**と呼ぶ。

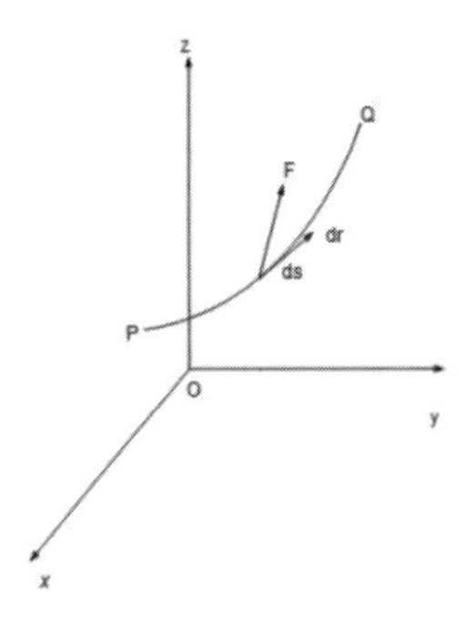

力が一定でなく経路も複雑な一般的な状況で，再度仕事について考えてみよう。この場合はまず経路を多数の微小な部分$\boldsymbol{ds}$に分ける。図からわかるように経路弧$\boldsymbol{ds}$は弦$\boldsymbol{dr}$とみなしてよく，またその間を動いている際には質点に作用する力は一定であると考

えて良い。そのため微小仕事dWは以下で定義できる。

$$dW = \boldsymbol{F} \cdot \boldsymbol{dr} = |F||dr|cos\theta \qquad (6 \cdot 5)$$

これをすべての$\boldsymbol{ds}$について足し合わせると，全体の仕事を定義することができる。運動の始点をP，終点をQとし，与えられた経路に沿って積分した量

$$\mathrm{W} = \int_P^Q \boldsymbol{F} \cdot \boldsymbol{dr} \qquad (6 \cdot 6)$$

を，この経路に関してPからQまでの間に力$\boldsymbol{F}$がなす仕事という。なお(6・6)の右辺の積分は線積分と呼ばれるものであり，以下で定義される。

$$\int_P^Q \boldsymbol{F} \cdot \boldsymbol{dr} = \int_P^Q \left(F_x dx + F_y dy + F_z dz\right) \qquad (6 \cdot 7)$$

ここで$\boldsymbol{F} = (F_x, F_y, F_z)$，$\boldsymbol{dr} = (dx, dy, dz)$である。さらに仕事に関連して，**仕事率**$P$というものも導入しよう。(6・5)を微小時間$dt$で割って極限を取ると，$\boldsymbol{F}$が一定と見なせることにより，以下のように書ける。

$$P = \frac{dW}{dt} = \boldsymbol{F} \cdot \frac{\boldsymbol{dr}}{\boldsymbol{dt}} = \boldsymbol{F} \cdot \boldsymbol{v} \qquad (6 \cdot 8)$$

定義から明らかなように，仕事・仕事率はスカラーである。

さて先と同じく，運動方程式を時間積分することを考えよう。今度は(4・8)の形を考える。

$$m\frac{dv}{dt} = \boldsymbol{F} \qquad (6 \cdot 9)$$

両辺に速度$\boldsymbol{v}$を，内積を取る形でかけると，

$$m\frac{dv}{dt} \cdot \boldsymbol{v} = \boldsymbol{F} \cdot \boldsymbol{v} \qquad (6 \cdot 10)$$

右辺は仕事率になるが，左辺は$\boldsymbol{v}^2 = \boldsymbol{v} \cdot \boldsymbol{v}$であることを考えると，以下のように変形できることはすぐわかるであろう。

$$\frac{d}{dt}\left(\frac{1}{2}mv^2\right) = \boldsymbol{F} \cdot \boldsymbol{v} \qquad (6 \cdot 11)$$

上式のように変形したうえで，両辺を時刻$\boldsymbol{t_1}$から時刻$\boldsymbol{t_2}$まで時間積分すると，以下のようになる。

$$\frac{1}{2}mv^2(t_2) - \frac{1}{2}mv^2(t_1) = \int_{t_1}^{t_2} \boldsymbol{F} \cdot \boldsymbol{v}dt \qquad (6 \cdot 12)$$

右辺を若干変形すると

$$\frac{1}{2}mv^2(t_2) - \frac{1}{2}mv^2(t_1) = \int_P^Q \boldsymbol{F} \cdot \boldsymbol{dr} \qquad (6 \cdot 13)$$

左辺の$\frac{1}{2}mv^2$を**運動エネルギー**と呼ぶ。右辺は仕事の定義式そのものであるが，そこから運動エネルギーの意味を考えてみよう。

仮に静止している物体に力$\boldsymbol{F}$を加え続けたとしよう。このとき上式は

$$K = \frac{1}{2}mv^2 = \int_P^Q \boldsymbol{F} \cdot d\boldsymbol{r} \qquad (6 \cdot 14)$$

となる。この式において，右辺は静止している物体を動かすために力$\boldsymbol{F}$がなした仕事を表している。逆に質量$\boldsymbol{m}$の物体が$\boldsymbol{v}$の速度で運動していれば，止めるのに$\int_P^Q \boldsymbol{F} \cdot d\boldsymbol{r}$の仕事を要する。つまり速度$\boldsymbol{v}$で動いている物体は，運動の勢い$\frac{1}{2}mv^2$を持っているといえる。結局，運動エネルギーも運動の激しさを表現する物理量なのである。なお仕事がスカラーであるので，運動エネルギーもスカラーである。いずれにしても，運動エネルギーも（速度との内積をとるが）運動方程式から自然に導かれる量である。

最後に**エネルギーの定理**について，簡単に述べておく。(6・13）を言葉で表現すると，以下のようになる。

> 質点の運動エネルギーの増加量は，その間に力が質点に対してなした仕事に等しい

6.1.3　活力論争に関するまとめ

ここまでで運動量，力積，仕事，運動エネルギーの 4 種類の物理量を導入したが，それぞれ似たような概念で混乱をきたしやすい。そのためここで，活力論争に関するまとめと称して整理してみよう。まずは力の積分に関する 2 つの物理量について，再度その定義を見てみよう。

> 力の積分に関する物理量
>
> ・力積　$\boldsymbol{\Phi} = \int_{t_1}^{t_2} \boldsymbol{F} dt$：（力の時間積分）
>
> 　力が時間経過に従い物体に及ぼす影響を表す量
>
> ・仕事　$\mathrm{W} = \int_P^Q \boldsymbol{F} \cdot d\boldsymbol{r}$：（力と変位の線積分）
>
> 　物体が変位する間に，力が物体に及ぼす影響を表す量

力積と仕事は，どちらも力を積分したものである点で似ている。しかし力積は力の時間積分，仕事は力の経路に関する線積分という点で異なっている。また力積は運動量と，仕事は運動エネルギーと結びついている点でも異なる。

次に物体の運動の激しさを表す 2 つの物理量についてまとめる。

物体の運動の激しさを表す物理量
・運動量　$\boldsymbol{p}(=m\boldsymbol{v})$：力積と結びつくベクトル
・運動エネルギー$K=\frac{1}{2}mv^2$：仕事と結びつくスカラー

運動量は力積と同じくベクトルとして，力の時間的な効果を表現している。一方で運動エネルギーは仕事と同じくスカラーで，力の距離的な効果を表すという違いがある。しかしこれだけでは，運動の激しさを表現するのになぜ２つの物理量が必要なのかがわかりにくい。そのため，再度運動の激しさについて考えてみよう。先に述べたように，物体が運動しているとき物体の質量mが大きいほど，また物体の速度$\boldsymbol{v}$が大きいほど，運動は激しいものとなる。つまり運動の激しさはスカラーである質量と，ベクトルである速度の２つの物理量で表現されることがわかる。$\boldsymbol{p}$とKの定義式より

$$\boldsymbol{p}=m\boldsymbol{v} \qquad K=\frac{1}{2}mv^2 \tag{6・15}$$

であるが，これを以下のように変形する。

$$m=\frac{p^2}{2K} \qquad \boldsymbol{v}=\frac{2K}{\boldsymbol{p}} \tag{6・16}$$

つまり運動の激しさは質量mと速度$\boldsymbol{v}$で表現できるが，上式から運動量$\boldsymbol{p}$と運動エネルギーKでもおなじく表現できることがわかる。<u>mと$\boldsymbol{v}$の代わりに，$\boldsymbol{p}$とKが協同して運動の激しさを完全に表現しているのである。</u>これで運動の激しさを表すには運動量と運動エネルギーの両者が必要であることが，納得できたのではないだろうか。また活力論争が現代的視点から見てあまり意味のないものであることも，納得できたのではないだろうか。

6.1.4　保存量と運動エネルギー保存の法則

仕事の定義式（6・6）からわかるように，仮に力が位置だけの関数であっても仕事の大きさは経路に依存してしまう。しかし力の形が特殊な場合，仕事の大きさは始点と終点にのみ依存し，途中の経路に依存しないことが起こる。このような力を保存力というが，いったいそれはどのようなものであるのだろうか。

仮に今考えている力が保存力であると仮定し，この保存力が働く系において質点を始点 P から終点 Q まで動かすことを考える。簡単のため Q を座標原点 O に移し固定し，始点 P をいろいろ変化させてみよう。保存力であるので P から O までの仕事の大きさは P のみによるので，これを$U(P)$と表記しよう。

$$U(p) = \int_P^O \boldsymbol{F} \cdot d\boldsymbol{r} \quad (6 \cdot 17)$$

P の座標を(x, y, z)とすると，この$U(P) = U(x, y, z)$を O を基準としたときの P の**位置エネルギー**と定義する。エネルギーと呼ぶのは，(6・13) より上式の右辺が運動エネルギーと対応しているためである。

さて今度は Q も可変な，より一般的な場合を考えてみよう。このとき P から Q まで質点を動かす仕事の大きさは

$$\int_P^Q \boldsymbol{F} \cdot d\boldsymbol{r} = \int_P^O \boldsymbol{F} \cdot d\boldsymbol{r} + \int_O^Q \boldsymbol{F} \cdot d\boldsymbol{r} = U(p) - U(Q) \quad (6 \cdot 18)$$

となる。特に Q を P の近傍に取り，P,Q の位置ベクトルをそれぞれ$\boldsymbol{r}$，$\boldsymbol{r} + \mathrm{d}\boldsymbol{r}$とすると，以下のようになる。

$$U(\boldsymbol{r} + \mathrm{d}\boldsymbol{r}) - U(\boldsymbol{r}) = -\int_P^Q \boldsymbol{F} \cdot d\boldsymbol{r} \quad (6 \cdot 19)$$

左辺は$\boldsymbol{U(r)}$が微小区間$\mathbf{d}\boldsymbol{r}$でどれだけ変化したかという量であるが，これは以下のような全微分の形で書けることが知られている。

$$U(\boldsymbol{r} + \mathrm{d}\boldsymbol{r}) - U(\boldsymbol{r}) = \frac{\partial U(r)}{\partial x} dx + \frac{\partial U(r)}{\partial y} dy + \frac{\partial U(r)}{\partial z} dz \quad (6 \cdot 20)$$

一方で右辺は，微小区間$\mathbf{d}\boldsymbol{r}$で$\boldsymbol{F}$は一定とみなしてよいので

$$-\int_r^{r+dr} \boldsymbol{F} \cdot d\boldsymbol{r} = -\left[\boldsymbol{F} \cdot \boldsymbol{r}\right]_r^{r+dr} = -\left(\boldsymbol{F} \cdot (\boldsymbol{r} + d\boldsymbol{r}) - \boldsymbol{F} \cdot \boldsymbol{r}\right)$$

$$= -\boldsymbol{F} \cdot d\boldsymbol{r} = -\left(F_x dx + F_y dy + F_z dz\right) \quad (6 \cdot 21)$$

である。結局両式より，以下の関係が成立する。

$$\frac{\partial U(r)}{\partial x} dx + \frac{\partial U(r)}{\partial y} dy + \frac{\partial U(r)}{\partial z} dz = -\left(F_x dx + F_y dy + F_z dz\right) \quad (6 \cdot 22)$$

それぞれの係数を比較して，

$$F_x = -\frac{\partial U(r)}{\partial x} \qquad F_y = -\frac{\partial U(r)}{\partial y} \qquad F_z = -\frac{\partial U(r)}{\partial z} \quad (6 \cdot 23)$$

以上より力$\boldsymbol{F}$が保存力であることと，$\boldsymbol{F}$が位置(x, y, z)の関数$U(x, y, z)$の偏導関数で表現できることは同じであることがわかる。後でわかるがばねのフック力，

万有引力などは保存力であり，摩擦力などは保存力でない。

質点に働く力が保存力であれば，質点の運動の経路がわからなくても（6・13），（6・18）より以下が成立する。

$$\frac{1}{2}mv^2(Q)-\frac{1}{2}mv^2(P)=U(P)-U(Q) \qquad (6・24)$$

P と Q は任意であるので，結局

$$\frac{1}{2}mv^2+U=const \qquad (6・25)$$

が成立する。つまり系に働く力が保存力の場合は，以下の**力学的エネルギー保存の法則**が成立することがわかる。

保存力だけの作用を受ける質点の運動エネルギーと位置エネルギーとの和は，運動中つねに一定に保たれる。

なお運動エネルギーと位置エネルギーの和を，力学的エネルギーという。

6.2 節　クラスとパッケージ

さてここからは少し気分を変えて，Java におけるクラスとパッケージについて学習する。本書では第 9 章以後に，計算結果をアニメーション表示することを試みるが，クラスとパッケージはその際に必要となる概念である。

6.2.1　クラス

第 4 章で述べたようにある程度長いプログラムを書いていく場合は，意味や内容がまとまっている作業をプログラム中でもひとつにまとめてしまったほうがよい。これを実現するためにメソッドを利用したが，実はこのようなことは Java が開発される以前の古いプログラム言語でもおこなわれていた[22]。このようなものを構造化プログラミングというが，同じ処理を一つのメソッドを何度も呼び出して実行できるので簡潔な記述が可能になる，というメリットがある。少し前までは構造化プログラミングが主流であった。

---

22 古くからあるプログラム言語においては，メソッドと同じ働きをするものを「サブルーチン」または「関数」と呼んでいた。

しかしプログラムが大規模化していくとメソッドが何十個も出てきてしまい，より大きな視点でプログラムを考える必要が出てきた。これを実現するために，Javaにおいてはクラスというものが設定されている。第1章においてJavaのプログラムはクラスと呼ばれる塊になっていること，また1つのクラスの中に多数のメソッドが集まっていることを述べた。今までは1つのプログラムに対して1つのクラスしかなかったが，Javaでは複数のクラスの存在を許している[23]。しかし，公開されているという意味の接頭語**public**をもつクラス（publicクラス）は1つしかない，というルールがある。publicはどこからでも利用できるクラスであるため，外部から参照できるのはpublicクラスのみである。一方でpublicでないクラスは同じファイルにある唯一のpuclibクラスによって利用されるだけで，外部からの参照はできない。これからわかるように，publicクラスは特別なクラスである。このことを頭に入れて，以下のプログラムを見ていこう。

［対話6－1］(Makeclass.java)

2つのクラスをもつ以下のプログラムを作成しなさい。

```
public class Makeclass{
        public static void main(String[] args){
                Place object = new Place();
                object.setPname("秋田");
                String s = object.getPname();
                System.out.println("私の行ってみたい場所は" + s + "です");
        }
}
class Place{
        String pname;
```

[23] Javaの大規模なプログラムは，クラスごとに開発される。このように1つのプログラムを複数の部品に分けることを，部品化と呼ぶ。

```
		public void setPname(String str){
				pname = str;
		}
		public String getPname(){
				return pname;
		}
}
```

プログラムに関する説明

・1行目にMakeclassというクラスが，9行目にPlaceというクラスがあることからわかるように，このプログラムには 2 つのクラスがある。ただしMakeclassがpublicクラスであるのに対し，Placeクラスはそうではないことに注意すること。

・第 1 章でクラス名とファイル名が同じであると述べたが，正確には public クラスのクラス名とファイル名が同じ，となる。そのためファイル名はMakeclass.javaでなければならない。

最初に public でないクラス Place を見てみよう。一般にクラスは以下のようになっている。

```
class クラス名{
  フィールドの宣言
  メソッドの宣言
}
```

クラスはモノを作る設計図のようなものである。例として計算機というモノを作り出すことを考えると，計算機に必要なものは加算や減算といったデータを処理する「機能」と，計算対象や計算結果などの「データ」に分けることができる。Java では機能をメソッド[24]，データを**フィールド**と呼ぶ。クラスの中には最初にフィールドを，次にメソッドを書いていく。今の場合は，Place クラス中のフィールドとして文字列型 pname が設定されている。通常，フィールドの接頭語は「外部に公開する必要のない」という意味の private をつけることが多い。フィールドの後にはメソッドが来るが，それが setPname と getPname である。setPname は引数 str を pname に代入する機能をもつメソッド，getPname は pname の値を返す機能をもつメソッドである。

次に public クラスの中身を見よう。public クラスには main メソッドが書かれることは，以前に述べた。main メソッドの中をみると 3 行目にインスタンスと呼ばれるものの作成に関する記述があるが，インスタンスとは何だろうか。英語で「for instance」は「例えば」という意味であるが，これからわかるように**インスタンス**とは具体的な例に相当するものである。何に対する具体例かというと，それがクラスに対する具体例なのである。先にクラスは設計図と説明したが，これからわかるようにクラスが「設計図」でそれをもとにつくられた「製品」がインスタンスである。

Place というクラスを作成したが，これはまだ型を決めただけで具体的な中身は何もない。ここから具体的なものを作る必要があるが，これがインスタンスと呼ばれるものである。インスタンスは，以下のように new を利用して作成する。

```
クラス名 インスタンス名 =new クラス名( 引数 );
```

先のプログラムの 3 行目がこれに相当しており，Place というクラスから object というインスタンスを生成している。

またインスタンスのもととなったクラスにはメソッドが設定されているので，ここで作られた object というインスタンスもメソッドを持っている。インスタンス内のメソッドを利用する場合は，以下のようにする。

[24] 第 1 日に println()の説明として，()の中に記述されたものを画面に表示してくれるという働き（つまり機能）をもつメソッドであると述べた。このことから，メソッドは機能をもっていることが納得できるであろう。

```
インスタンス名.メソッド名( 引数 );
```

先のプログラムの 4・5 行目が，これらに相当する。ただし 4 行目のメソッド setPname は void（何も値を返さない）のメソッドであるので，返値を変数に入れる必要がない。5 行目の getPname メソッドは返値があるので，それを変数 s に入れている。

6.2.2　クラスメソッドとインスタンスメソッド

クラスとインスタンスという言葉が出てきたので，それに関連して**クラスメソッド**と**インスタンスメソッド**についても若干の説明を加える。前回まで定義してきたメソッドは static 修飾子が付いていたが，このようなものをクラスメソッドと呼ぶ[25]。クラスメソッドはインスタンスがなくても実行できる，ある意味特別なメソッドである。一方，先の例では static が付かないメソッドがあらわれたが，これをインスタンスメソッドという。インスタンスメソッドは指定されたインスタンスに対して何らかの操作を実行するためのものなので，インスタンスがないと実行できない。ここでは先の例題と同じくインスタンスメソッドを利用して，エネルギー保存に関するプログラムを書いてみよう。

［対話６－２］(Kinetic_ene.java)

仰角 30 度の斜面を 10m 上ったところで，静かに質点を離すと下に転がっていく。エネルギー保存の法則を利用して，地面からの高さが 0.1m づつ減少するごとの速度，及びそれに要した時間を計算せよ。

```
public class Kinetic_ene {
        public static void main(String[] args) {
                double yinit,y,hinit,h,vyinit,vy,vynew,g,dh,dt;
                yinit=10.0;
```

[25] main メソッドもクラスメソッドである。

```
                y=yinit;
                hinit=yinit*Math.sin(Math.toRadians(30));
                h=hinit;
                vyinit=0.0;
                vy=vyinit;
                g=9.8;
                dh=0.1;
                System.out.println(h + ", "+ vy);
                Myfunc f=new Myfunc();
                while(h>=0){
                        h=h-dh;
                        vynew=f.f1(g,hinit,h);
                        dt=f.f2(g,vynew,vy);
                        vy=vynew;
                        System.out.println(h + ", "+ vy + ", "+ dt);
                }
        }
}
class Myfunc{
        double f1(double a,double h1,double h2){
                return -Math.sqrt(2.0*a*(h1-h2));
        }
        double f2(double a,double v2,double v1){
                return -(v2-v1)/(a*Math.sin(Math.toRadians(30)));
      }
}
```

プログラムに関する説明

・13 行目でインスタンスを作った後，24 行目及び 27 行目でインスタンスメソッド f1()及び f2()を利用している。

・手を離した時の質点の高さをh_0とすると，5.1.4 の図のような座標系のもとでは速度が負になることに注意すると，以下が成立する。

$$\frac{1}{2}mv^2 + mgh = 0 + mgh_0 \quad \Rightarrow \quad v = -\sqrt{2g(h_0 - h)}$$

・θを斜面の角度だとすると，dt は以下の関係を利用して求める。

$$\frac{dv}{dt} = -gsin\theta \quad \Rightarrow \quad dt = -\frac{dv}{gsin\theta}$$

6.2.3　パッケージ

ここまではクラスを自作してきたが，ここでは Java であらかじめ用意されているクラスを使うことを考える[26]。先にメソッドが増えすぎると困るためクラスを考えるといったが，クラスが増えすぎた場合はどうしたらよいのだろうか。実は Java が提供するクラスは多数あるため，混乱しないようにジャンルごとに**パッケージ**と呼ばれるまとまりになっている。そのため自分の使いたいクラスがあると，取り込みを意味する **import** を用いてクラス名とそれが属しているパッケージを，以下のような形で指定しなければならない。

```
import 《パッケージの指定》.《クラス名》；
```

例えば第 9 章では Java のグラフィックス機能を利用するが，その際に欠かせないのが java.awt（Abstract Window Toolkit）パッケージである。このパッケージには GUI の基本であるウィンドウと，その上に配置する様々な部品類がまとめられている。java.awt パッケージにはたくさんのクラスが入っており，それら１つ１つを import で指定するのは面倒である。この時には**ワイルドカード**「*」を使うと，そのパッケージの全クラスが使えるようになる。java.awt パッケージについては後に説明するので，ここでは java.util.Calendar というパッケージを利用した練習をおこなう。

---

[26] Java にはじめから標準添付されている多数のパッケージやクラスは，API(Application Programming Interface)と呼ばれている。

［対話6－3］(Mdcal.java)

本日の日付を表示するプログラムを作成せよ。

```
import java.util.Calendar;
public class Mdcal {
        public static void main(String[] args){
                Calendar cal = Calendar.getInstance();
                int month = cal.get(Calendar.MONTH) + 1;
                int day = cal.get(Calendar.DATE);
                System.out.println("今日は" + month + "月" + day + "です");
        }
}
```

プログラムに関する説明

・1行目は import 文であるが，Calendar クラスは日時などに関する情報を取得するためのクラスである。今の場合はパッケージ名が java.util，クラス名が Calendar である。

・4行目によって getInstance メソッドが呼び出され，現在の日時情報を cal に代入している。

・5，6行目の get メソッドで，指定されたカレンダフィールドの値を受け取って month, day に代入している。フィールド名は YEAR, MONTH, HOUR, MINUTE, SECOND などがある。

・MONTH は最初の値(つまり1月)が「0」から開始されるので，+1 しておく必要がある。

第７章　振動

7日目

ばね及び振り子の運動は力学の形成に大きな影響を与えただけでなく，力学の学習においても重要項目となっている。そのためここでは，これらの振動現象をやや詳しく見ていくことにする。特に摩擦力や強制力が働く場合や，振動の合成についても踏み込んで考える。また精度に問題のあったオイラー法についても，その改良方法を学習する。

7.1節　ばね・振り子

7.1.1　ばねの単振動

力学では力というものが大切な働きをするが，力を直接みることは一般には難しい。例えば第５章で取り上げた斜面上の摩擦運動でも，重力や摩擦力を直接目でみることは不可能である。ところがこれから学ぶばねの運動については，力がばねの伸び縮みとして目に見える形で現れる。このような性質をもつものは珍しいため，ばねの運動を調べることが力学の学習にとって大切であることは納得できるであろう。

ばねの運動は，英国の科学者**フック**によって解明された。彼は実験により，ばねに与えた力はばねの伸び縮みの大きさに比例すること，つまりばねの伸び縮みの長さを x [m]，ばねが元にも取ろうとする力（これを弾性力と呼ぶ）の大きさを F [N] とすると，$F \propto kx$という関係があることを発見した。これを現在では**フックの法則**と呼んでいる。ここでk は**ばね定数**と呼ばれる比例定数で，ばねの伸びにくさを表している。ばねの運動の場合は変位と弾性力は常に逆向きなので，符号まで考えるとフックの法則は以下のようになる。

$$F = -kx \qquad (7 \cdot 1)$$

この事実をもとにして，天井に一端を固定したばねの運動を考えてみよう。ばねを天井からつるし，他端に質量mの質点をつけるとばねは少し伸びて停止する。このつりあいの位置を座標原点 O にとり，さらに鉛直下方にx軸を取ることにしよう。質点を手に取り O からxだけ下方に伸ばした位置で静かに離したとすると，質点の運動方程式は以下のようになる。

$$m\frac{d^2x}{dt^2} = -kx \qquad (7\cdot2)$$

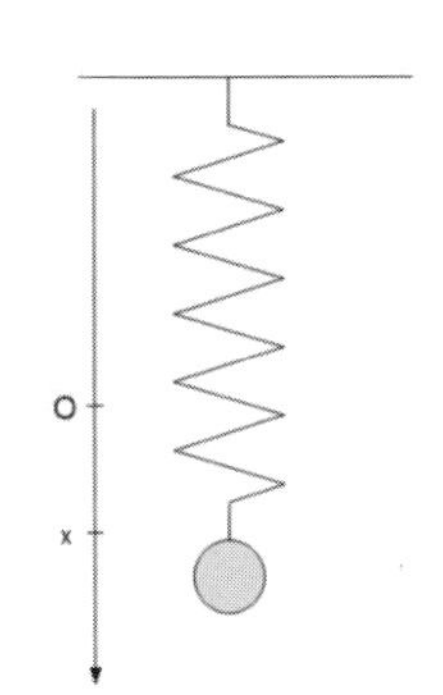

（7・2）は簡単に解けて，2つの積分定数A（これを振幅と呼ぶ），ε（位相定数と呼ぶ）を使うと

$$x = A\sin(\omega t + \epsilon) \qquad (7\cdot3)$$

となる。ただし$\omega \equiv \sqrt{k/m}$でありこれを**角振動数**[27]，正弦関数の括弧内を**位相**と呼ぶ。ここで述べたような質点が正弦関数的な変化をする振動を，単振動と呼ぶ。

xが正弦関数で表現できることより，ばねの運動が周期的であることがわかる。その周期Tは，（7・2）でωtが2π増減するごとにxの値が元に戻ることからわかるように，

$$T = 2\pi/\omega \qquad (7\cdot4)$$

となる。また周期の逆数を振動数と呼ぶ。

$$\nu = 1/T = \omega/2\pi \qquad (7\cdot5)$$

7.1.2 ばねの減衰振動

先に述べた単振動は永久に動き続ける運動であるが，現実的には物体は質点でないため空気抵抗等が働き，いずれ振動は停止する。振幅が時間とともに徐々に小さくなるような振動現象を，**減衰振動**と呼ぶ。

質点の代わりに物体を取り付けたと考えよう。この物体は速度に比例する抵抗力を受けると仮定すると，質点の運動方程式は

$$m\frac{d^2x}{dt^2} = -kx - h\frac{dx}{dt} \qquad (7\cdot6)$$

となる。ここで抵抗の強さを表すhは，正の定数である。（7・6）を若干変形すると

$$\frac{d^2x}{dt^2} + 2\lambda\frac{dx}{dt} + \omega^2 x = 0 \qquad (7\cdot7)$$

---

[27] 角速度と同じ記号ωを使っていることからも分かるように，両者は基本的に同じものである。厳密に言うと，角振動数はベクトル量である角速度の大きさにあたる。

ただし$\lambda = h/2m$，$\omega = \sqrt{k/m}$とおいた。あとはこれを数値的に解けばよいだけだが，大まかな性質をみるために解析的に解くとどうなるか見てみよう。解析的な解を得るために，$x = e^{\mu t}$とおいて上式に代入すると

$$\mu^2 + 2\lambda\mu + \omega^2 = 0 \quad \Rightarrow \quad \mu = -\lambda \pm \sqrt{\lambda^2 - \omega^2} \tag{7・8}$$

仮に減速を引き起こす力（これを**制動力**という）が小さい場合，すなわち$\lambda < \omega$なら（7・8）より，a, bを定数として

$$x = ae^{-\lambda t}e^{i\sqrt{\omega^2-\lambda^2}t} + be^{-\lambda t}e^{-i\sqrt{\omega^2-\lambda^2}t} \tag{7・9}$$

これをやや面倒な計算をして変形すると

$$x = Ae^{-\lambda t}\sin(\sqrt{\omega^2 - \lambda^2}t + \epsilon) \tag{7・10}$$

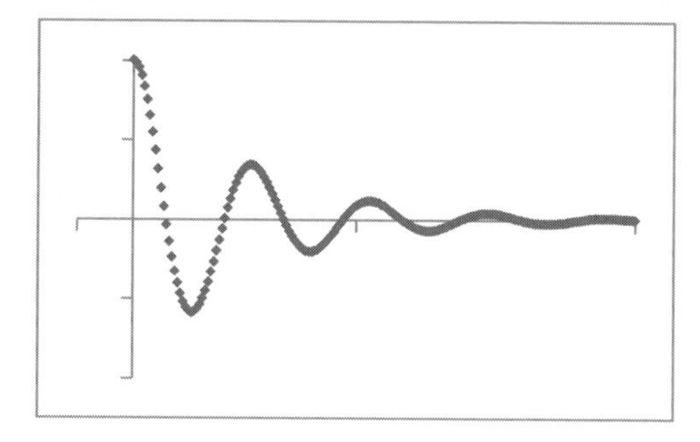

となる（計算過程は省略）。この式の前の部分は減衰項で，後の部分は振動項であるので，両者を合わせると右図のようになることは想像できるであろう。この運動こそ減衰振動であるが，（7・10）からわかるようにその周期は

$$\mathrm{T} = 2\pi/\sqrt{\omega^2 - \lambda^2} \tag{7・11}$$

である。つまり減衰振動の周期は，単振動の場合に比べて長い。

仮に制動力が大きい場合，すなわち$\lambda > \omega$なら（7・8）よりa, bを定数として

$$x = ae^{-(\lambda-\sqrt{\lambda^2-\omega^2})t} + be^{-(\lambda+\sqrt{\lambda^2-\omega^2})t} \tag{7・12}$$

となる。この場合は減衰項のみしか現れないので，非周期運動となる。なおこのような運動を過制動と呼ぶが，その運動の様子は初期条件等により様々である。また$\lambda = \omega$の場合も非周期運動であるが，これは周期運動から非周期運動へ移る境界で，臨界制動と呼ばれている。

7.1.3　ばねの強制振動

今度はばねに制動力は働かないが，外力が働く場合を考える。外力としてはどのようなものを考えても良いが，初等力学の教科書でよく取り上げられるの

は，以下のような周期型の外力が働く場合である。

$$F = mfsin(pt) \tag{7・13}$$

ここでfおよびpは正の定数である。この場合の運動方程式は

$$m\frac{d^2x}{dt^2} = -kx + mfsin(pt) \tag{7・14}$$

（7・14）を若干変形すると

$$\frac{d^2x}{dt^2} + \omega^2 x = fsin(pt) \tag{7・15}$$

となる。

7.1.4　制動力が働く場合の強制振動

ばねの運動に関する最後の話題として，制動力・強制力のどちらも働く場合を考える。この場合の質点の運動方程式は

$$m\frac{d^2x}{dt^2} = -kx - h\frac{dx}{dt} + mfsin(pt) \tag{7・16}$$

である。（7・16）を若干変形すると

$$\frac{d^2x}{dt^2} + 2\lambda\frac{dx}{dt} + \omega^2 x = fsin(pt) \tag{7・17}$$

である。方程式も後で数値的に解くことにするが，その大まかな様子だけ述べておく。この系における運動は減衰振動に周期的な強制力が加わることになる。そのため，最終的な運動はこれら 2 つを重ね合わせたものとなる。最初は複雑な運動であっても，減衰振動の部分は名前の通り時間とともに減衰していくので，最終的には強制振動のみが残ることになる。詳しくは次節の対話 7−2 で取り組む。

7.1.5　振り子の運動

振り子とは支点から糸で物体をつるし，重力の作用により揺れを繰り返すようにした装置である。振り子の研究はガリレオによりなされた。彼がピサ大学の医学部生であった青春時代のある日，礼拝堂の天井のシャンデリアが風で揺れているのを何気なく見上げていた。シャンデリアが大きく揺れても小さく揺

れても往復時間に差がないように思った彼は，自分の脈拍を時計代わりにして往復時間をはかった。思ったとおり往復時間が同じであることに気づいた彼は，振り子の研究を進め以下の**等時性の原理**を発見した。

> ひもの長さが同じなら，揺れの幅が小さい場合は振り子の揺れの周期は重さや振幅に関係なく一定である。

ここでは等時性の原理を，運動方程式を利用して再発見してみよう。図のように糸につるされた質点の接線方向と動径方向の運動方程式を立てると，τを糸の張力として

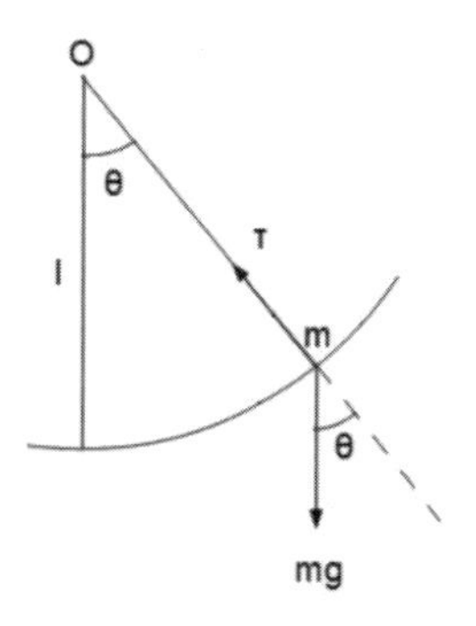

$$m\frac{dv}{dt} = -mgsin\theta \qquad (7・18)$$

$$m\frac{v^2}{l} = \tau - mgcos\theta \qquad (7・19)$$

である。ここでlは糸の長さであるが，質点の速度はlを利用して

$$v = l\frac{d\theta}{dt} \qquad (7・20)$$

と書ける。これを（7・18）（7・19）に代入して

$$\frac{d^2\theta}{dt^2} = -\frac{g}{l}sin\theta \qquad (7・21)$$

$$m\frac{v^2}{l} = ml\left(\frac{d\theta}{dt}\right)^2 = \tau - mgcos\theta \qquad (7・22)$$

となる。振り子の運動は（7・21）を解くことで求められ，この結果を（7・22）に代入することで張力が求められる。

（7・21）をまともに解くことは面倒なので，ここでは振り子の振幅が小さい場合に限って解くことにしよう。この場合は（7・21）は以下のようになる。

$$\frac{d^2\theta}{dt^2} = -\frac{g}{l}\theta \qquad (7・23)$$

これは（7・2）と同じ単振動の方程式の形になるので簡単に解けて

$$x = Asin(\omega t + \epsilon) \qquad (7・24)$$

となる。ここで角振動数$\omega = \sqrt{g/l}$である。またこの場合の周期は

$$T = 2\pi\sqrt{l/g} \tag{7・25}$$

である。この式から，振り子の振幅が小さければ振り子の周期は糸の長さには関係するが，振幅には無関係であることがわかる。これこそ振り子の等時性である。なお振り子の振幅が大きい場合は，周期は振れ幅が大きいほど長くなる。振り子の等時性は，振り子の振幅が十分に小さい時のみ成立することに注意してほしい。

7.1.6　単振動の合成

ここまでは，単振動という単純な振動現象を見てきた。最後に，単振動の合成の様子を概観しよう。なお合成振動の様子は同振動数の場合は簡単に理解できるので，これについても分けてみていくことにしよう。

まずは，同方向に同振動数で振動する場合の合成振動から考えよう。それぞれの単振動を

$$x_1 = A_1 sin(\omega t + \epsilon_1) \qquad x_2 = A_2 sin(\omega t + \epsilon_2) \tag{7・26}$$

とすると，合成振動$x = x_1 + x_2$を解析的に表現することができる。若干の式変形をおこなうと，合成振動として以下の結果を得ることができる。

$$x = Asin(\omega t + \epsilon) \tag{7・27}$$

ただし$A = A(A_1, A_2, \epsilon_1, \epsilon_2)$，$\epsilon = \epsilon(A_1, A_2, \epsilon_1, \epsilon_2)$は定数である。

次に互いに直交する方向に振動する同振動の合成振動を考える。それぞれの単振動を

$$x = A_1 sin(\omega t + \epsilon_1) \qquad y = A_2 sin(\omega t + \epsilon_2) \tag{7・28}$$

としよう。上式からｔを消去すると

$$\frac{x^2}{A_1^2} + \frac{y^2}{A_1^2} - \frac{2xy}{A_1 A_2}\cos(\epsilon_2 - \epsilon_1) = sin^2(\epsilon_2 - \epsilon_1) \tag{7・29}$$

これは楕円の方程式であるので，合成振動は以下の左図のようになる。特に$A_1 = A_2$の場合について，$\epsilon_2 - \epsilon_1$が表記の値をとる場合を右図に示しておく。

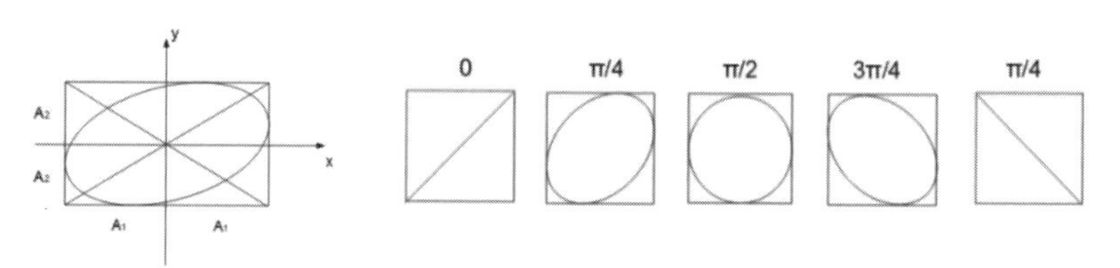

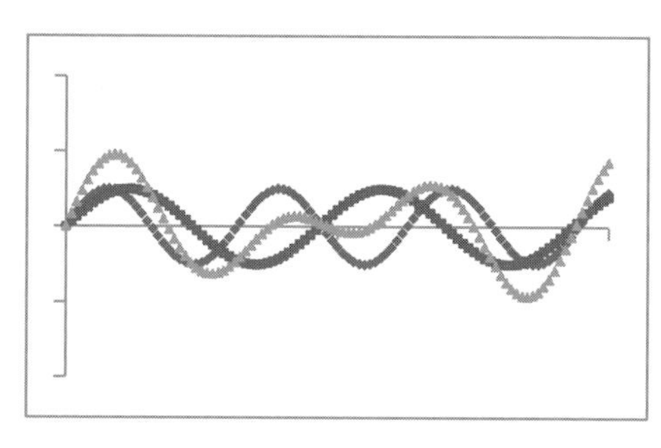

ここから異なる振動数の合成振動を考えるが，まずは同方向に振動する場合から見ていこう。この場合も合成振動は周期運動にはなるが，かなり複雑なものとなる。一例を右図に示したが，合成振動が単振動とはかなり異なった様子になることがわかる。

最後に互いに直交する方向に振動する異なった振動の合成振動を考える。（7・27）を合成した場合，周波数の比が有理数のときは合成振動の軌道が閉じるが，無理数の場合は閉じない。このような図形を**リサージュの図形**と呼ぶ。リサージュの図形の具体的な形については，対話 7－3 で取り上げることとする。

7.2 節　ホイン法

7.2.1　ホイン法の原理

これまでオイラー法を用いて微分方程式を解いてきたが，オイラー法には精度の点で問題があることを以前に指摘した。オイラー法の精度を上げるには，より高次の取り扱いをする必要がある。この改良について考えていこう。

オイラー法の改良のために，まずオイラー法を再考してみよう。以下の方程式

$$\frac{dy}{dt} = f(t, y) \qquad (7 \cdot 30)$$

を解く場合，オイラー法では左辺を差分に置き換え，

$$\frac{y(t+\Delta t)-y(t)}{\Delta t} = f(t, y) \qquad (7 \cdot 31)$$

としていた。その根拠は$y(t+\Delta t)$の１次のテイラー展開を利用して

$$y(t+\Delta t)=y(t)+y'(t)\Delta t \quad \Rightarrow \quad y'(\mathrm{t})=\frac{y(t+\Delta t)-y(t)}{\Delta t} \tag{7・32}$$

としたためである。近似を高める鍵となるのは，テイラーの公式を２次まで使うことである。２次までのテイラー展開は

$$y(t+\Delta t)=y(t)+y'(t)\Delta t+\frac{1}{2!}y''(t)(\Delta t)^2 \tag{7・33}$$

であるので，これを利用すると

$$\mathrm{y}'(\mathrm{t})=\frac{y(t+\Delta t)-y(t)}{\Delta t}-\frac{1}{2}y''(t)\Delta t \tag{7・34}$$

これを（7・30）に代入すると

$$\frac{y(t+\Delta t)-y(t)}{\Delta t}=f(t,y)+\frac{1}{2}y''(t)\Delta t \tag{7・35}$$

（7・35）の右辺に，再度（7・30）を使うと

$$\frac{y(t+\Delta t)-y(t)}{\Delta t}=f(t,y)+\frac{1}{2}f'(t,y)\Delta t \tag{7・36}$$

ここで$\partial f/\partial t=f_t$，$\partial f/\partial y=f_y$という記号を導入し書き直すと

$$\frac{d}{dt}f(t,y)=f_t(t,y)+f_y(t,y)\mathrm{y}'=f_t(t,y)+f_y(t,y)f(t,y) \tag{7・37}$$

なので（7・37）は

$$\frac{y(t+\Delta t)-y(t)}{\Delta t}=f(t,y)+\frac{\Delta t}{2}\left(f_t(t,y)+f_y(t,y)f(t,y)\right) \tag{7・38}$$

となる。この式の左辺は取り扱いやすいが，右辺には偏微分が入り複雑な形をしている。これを取り除くために以下の関数

$$\alpha f(y,t)+\beta f(t+\gamma\Delta t,y+\gamma\Delta t f(y,t)) \tag{7・39}$$

を導入し，右辺がこの形になるようにα,β,γを決めることにしよう。利用するのは，１次の２変数テイラー展開

$$f\left(t+\gamma\Delta t,y+\gamma\Delta t f(y,t)\right)=f(t,y)+\gamma\Delta t f_t(t,y)+\gamma\Delta t f(t,y)f_y(t,y)$$

であり，これを（7・39）に代入して（7・38）と比較すると

$$\alpha+\beta=1 \quad \text{かつ} \quad \beta\gamma=1/2 \tag{7・40}$$

となる。これはλをパラメータとして，以下のように書ける。

$$\alpha=1-\lambda \qquad \beta=\lambda \qquad \gamma=1/(2\lambda) \tag{7・41}$$

λはどんな値でも良いが，1/2に設定する場合が多い。この時は

$$\alpha=1/2 \qquad \beta=1/2 \qquad \gamma=1 \tag{7・42}$$

となる。以上より，

$$\frac{y(t+\Delta t)-y(t)}{\Delta t}=\frac{1}{2}f(y,t)+\frac{1}{2}f(t+\Delta t,y+\Delta t f(y,t)) \tag{7・43}$$

となる。これを変形して

$$y(t+\Delta t) = y(t) + \frac{\Delta t}{2} f(y,t) + \frac{\Delta t}{2} f(t+\Delta t, y+\Delta t f(y,t)) \qquad (7・44)$$

以前と同じ記法を導入すると，この式は漸化式となる。

$$y_{n+1} = y_n + \frac{\Delta t}{2}[f(t_n, y_n) + f(t_n+\Delta t, y_n+\Delta t f(t_n, y_n))] \qquad (7・45)$$

この漸化式を計算するために

$$k_1 = f(t_n, y_n) \qquad (7・46)$$

$$k_2 = f(t_n+\Delta t, y_n+\Delta t f(t_n, y_n)) \qquad (7・47)$$

とおくと，漸化式は

$$y_{n+1} = y_n + \frac{\Delta t}{2}[k_1 + k_2] \qquad (7・48)$$

となる。オイラー法と同様に，初期値をt_0 ,y_0が与えられると，（7・48）によりそれ以後が順次求まっていく。

$$t_0, y_0 \Rightarrow t_1, y_1 \Rightarrow t_2, y_2 \Rightarrow t_3, y_3 \Rightarrow \cdots\cdots$$

プログラムは以下のように書けばよい。

```
for (《変数の初期値》;《条件式》;《加算する値》) {
        k1 = f(t, y);
        k2 = f(t+dt,  y+dt*k1);
        y = y + dt/2.0 * ( k1 + k2 );
}
```

ホイン法の原理は数学的にはやや面倒だが，オイラー法に比べて精度の点で大きな進歩がある。そのためここではホイン法を用いて，様々な問題に挑戦してみる。

［対話７－１］(Linear.java)

以下の線形型の微分方程式を解くホイン法のプログラムを作成せよ。

$$\frac{dy}{dt} = \frac{y}{t} + t^3$$

```
public class Linear {
        public static void main(String[] args) {
            double y,t,dt,tmin,tmax,tnew,k1,k2,ytrue;
            y=1.0;
            tmin=1.0;
            dt=0.1;
            tmax=5.0;
            System.out.println(tmin+ ", "+ y);
            for(t=tmin;t<tmax;t=t+dt){
                        k1 = f1(t,y);
                        k2 = f1(t+dt, y+dt*k1);
                        y = y + dt/2.0 * ( k1 + k2 );
                        tnew=t+dt;
                        ytrue=tnew*(tnew*tnew*tnew/3.0+2.0/3.0);
                        System.out.println(tnew + ", "+ y +", "+ytrue);
            }
      }
      public static double f1(double t,double y){
            return y/t+t*t*t;
      }
}
```

プログラムに関する説明

・t=1.0～5.0 の間で，刻み幅 0.1 で計算をおこなっている。また t=1.0 のときの y の初期値を y=1 としている。

・与えられた線形微分方程式の一般解は$y = x(\frac{x^3}{3} + \frac{2}{3})$であることがわかっている。そのため ytrue として，厳密解を書かせている。

・オイラー法からどの程度改良が進んでいるかをみるためには，以下のプログラムを書いて実行してほしい。

```
public class Linear_eular {
    public static void main(String[] args) {
                    double y,t,dt,tmin,tmax,tnew,ytrue;
                    y=1.0;
                    tmin=1.0;
                    dt=0.1;
                    tmax=5.0;
                    System.out.println(tmin+ ", "+ y);
                    for(t=tmin;t<tmax;t=t+dt){
                            y=y+dt*f1(t,y);
                            tnew=t+dt;
                            ytrue=tnew*(tnew*tnew*tnew/3.0+2.0/3.0);
                            System.out.println(tnew + ", "+ y +", "+ytrue);
                    }
            }
            public static double f1(double t,double y){
                    return y/t+t*t*t;
            }
}
```

7.2.2　制動力が働く強制振動のシミュレーション

制動力・強制力のどちらも働くばねの振動を考える。この場合の物体の運動方程式は（7・17）であるので，これを先に説明したホイン法で解けばよい。ただし２階微分方程式であるので，第５章でやったように１階微分を含む２つの連立方程式に変換する必要がある。

$$\frac{dx}{dt} = v \qquad (7\cdot 49)$$

$$\frac{dv}{dt} + 2\lambda v + \omega^2 x = f sin(pt) \qquad (7\cdot 50)$$

プログラムもこれに応じて作ればよいので，以下のようになる。

```
for ( 《変数の初期値》 ; 《条件式》 ; 《加算する値》 ) {
        k1[0]=f1(t, x, v);
        k1[1]=f2(t, x, v);
        k2[0]=f1(t+dt, x+dt*k1[0], v+dt*k2[1]);
        k2[1]=f2(t+dt, x+dt*k1[0], v+dt*k2[1]);
        x=x+dt*(k1[0]+k2[0])/2.0;
        v=v+dt*(k1[1]+k2[1])/2.0;
```

［対話７－２］(Oscillation.java)

制動力・強制力のどちらも働くばねの振動を再現するプログラムを作成せよ。

```
public class Oscillation {
        public static void main(String[] args) {
            double x,v,t,dt,tmin,tmax,tnew;
                double k1[]=new double[2],k2[]=new double[2];
                x=1.0;
                v=0.0;
                tmin=0.0;
                dt=0.05;
                tmax=20.0;
                System.out.println(tmin + ", "+ x );
                for(t=tmin;t<tmax;t=t+dt){
                        k1[0]=f1(t,x,v);
                        k1[1]=f2(t,x,v);
                        k2[0]=f1(t+dt,x+dt*k1[0],v+dt*k1[1]);
                        k2[1]=f2(t+dt,x+dt*k1[0],v+dt*k1[1]);
                        x=x+dt*(k1[0]+k2[0])/2.0;
                        v=v+dt*(k1[1]+k2[1])/2.0;
```

```
                tnew=t+dt;
                System.out.println(tnew + ", "+ x);
            }
    }
    public static double f1(double t,double x,double v){
            return v;
    }

    public static double f2(double t,double x,double v){
            double omega=3.0,lambda=0.5,A=3.0,p=1.5;
            return -2.0*lambda*v-omega*omega*x+A*Math.sin(p*t);
    }
}
```

プログラムに関する説明

・質点の位置 x を時間 t の関数として，その振る舞いを示すと下の図のようになる。

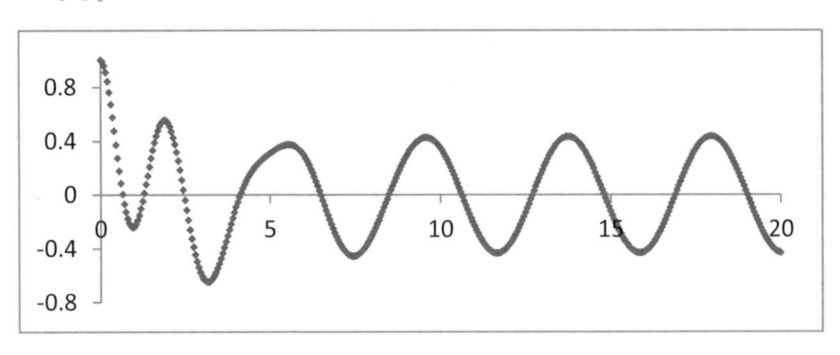

7.2.3　単振動の合成の計算

最後に二次元的な異なった振動の合成振動を考える。この場合は

$$x = A_1 sin(\omega_1 t + \epsilon_1) \qquad y = A_2 sin(\omega_2 t + \epsilon_2) \qquad (7\cdot 51)$$

であるので，上式が忠実に再現されるプログラムを作成すればよいだけである。

［対話７－３］(Twooscillation.java)

（7・51）に従って，二次元的な異なった振動の合成振動をシミュレートするプログラムを作成せよ。

```
public class Twooscillation {
        public static void main(String[] args) {
                double x,y,t,dt,A,B,omega1,omega2,epsilon1,epsilon2;
                int i;
                x=1.0; y=0.0; t=0.0; dt=0.025; A=1.0; B=1.0;
                omega1=1.3; omega2=2.1; epsilon1=0.1; epsilon2=1.2;
                for (i = 1; i <= 300; i++) {
                        x=A*Math.sin(omega1*t+epsilon1);
                        y=B*Math.sin(omega2*t+epsilon2);
                        System.out.println(x + ", "+ y);
                        t=t+dt;
                }
        }
}
```

プログラムに関する説明

・質点の位置(x, y)の振る舞いを示すと右図のようになる。

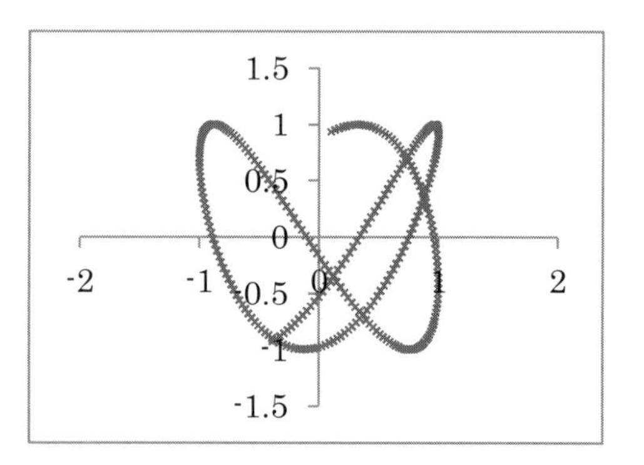

第8章　中心力と惑星運動

8日目

惑星運動の解明は，ニュートン力学誕生の鍵となった。ニュートン以前の天文学においては，天動説・地動説という立場の違いがあったものの，惑星の運動を幾何学的に説明しようとしていた点では変わりはない。しかしニュートン力学の誕生後，力学法則に基づく惑星の運動論の研究がおこなわれるようになった。ここではニュートンの運動法則と万有引力の法則を基礎にして，惑星運動を取り扱うことにする。またホイン法をさらに改良したルンゲ・クッタ法についても学習する。

8.1節　ケプラーの法則

8.1.1　中心力と角運動量の保存

質点に働く力の作用線が常に1つの定点を通るとき，その力を**中心力**と呼ぶ。またその点は力の中心と呼ばれる。力の中心を原点にとる座標系を選択すると，中心力は以下のように書ける。

$$\boldsymbol{F} = f\boldsymbol{r} \qquad (8 \cdot 1)$$

ここで$\boldsymbol{r}$は質点の位置ベクトル，fはスカラーで位置と時間の関数である。中心力の方向はいつも力の中心を向いているため，中心方向と直交する方向には力が働かない。そのため，中心力によって引き起こされる運動は，ある物理量が保存するという性質をもつ。

このことをみるために，第2章で取り上げたベクトルのモーメント$\boldsymbol{N}$の特別な場合である力のモーメントと角運動量を導入する。ベクトルのモーメントは，あるベクトル$\boldsymbol{A}$とその始点の位置ベクトル$\boldsymbol{r}$との外積として定義された。

$$\boldsymbol{N} = \boldsymbol{r} \times \boldsymbol{A} \qquad (8 \cdot 2)$$

ベクトル$\boldsymbol{A}$は任意でよいが，特にこれを力$\boldsymbol{F}$とした場合は，**力のモーメント**（または**トルク**）と呼ばれる。

$$\boldsymbol{N} = \boldsymbol{r} \times \boldsymbol{F} \qquad (8 \cdot 3)$$

力のモーメントの意味を直観的に理解するには，回転軸をもつ棒を動かすことを思い描くとよい。図に示したように，その一端が回転軸に連結されている棒があり，それに力を働かせ回転させることを考える。明らかに働く力を 2 倍にすれば，棒を回転させるための影響力も 2 倍になる。しかし加える力が同じでも，棒を回転させる影響力を変化させることができる。図にあるように力が一定でも，回転軸から 2 倍離れた位置では，その影響力は 2 倍になる。逆に回転軸と力との距離が半分であれば，影響力は半分になる。つまり棒を回転させる影響力は，それに働く力そのものの大きさと，回転軸からの距離の両方に依存しているのである。そしてこれを表現できるのが力のモーメントなのである。

特に$\boldsymbol{r}$と$\boldsymbol{F}$が直交している場合は，力のモーメントの大きさは

$$N = rF \qquad (8 \cdot 4)$$

である。この式をみると力の大きさFを 2 倍しても，回転軸との距離rを 2 倍しても，効果は同じであることは明らかである。力のモーメントとは，物体を回転させようとする力の効果の大きさを表す量なのである。

次に$\boldsymbol{A}$を運動量$\boldsymbol{p}$とした場合を考えよう。この時，この量は**角運動量**と呼ばれる[28]。

$$\boldsymbol{L} = \boldsymbol{r} \times \boldsymbol{p} \qquad (8 \cdot 5)$$

角運動量の意味を直観的に理解することは，困難である。ただし運動を並進運動と回転運動に分けると，並進運動での運動量に対応するのが，回転運動では角運動量なのである。運動の勢いを表すのが運動量であるように，角運動量は回転運動の勢いを表す物理量とみなしてよい。ただしこれだけでは，力のモー

---

[28] 本来この量は「運動量のモーメント」と呼ぶべきものであるが，英語にすると「moment of momentum」となって同じような単語が並び大変ややこしい。そこでこの量に「angular momentum」という別名を付けられたのだが，これを日本語訳したのが「角運動量」である。

メントと角運動量の区別がつきにくい。正確な意味を知るために角運動量を時間微分すると

$$\frac{d\boldsymbol{L}}{dt}=\frac{d\boldsymbol{r}}{dt}\times\boldsymbol{p}+\boldsymbol{r}\times\frac{d\boldsymbol{p}}{dt}=\boldsymbol{v}\times(m\boldsymbol{v})+\boldsymbol{r}\times\boldsymbol{F}=\boldsymbol{N} \qquad (8\cdot6)$$

となるので，角運動量の時間微分は力のモーメントと等しくなることがわかる。（8・6）の両辺を積分すると

$$\boldsymbol{L}=\int\boldsymbol{N}dt \qquad (8\cdot7)$$

であるので，角運動量は力のモーメントによる回転の効果を時間的に積算したものであることがわかる。

さて，ここで中心力の話題に戻る。中心力が働いている場合，力のモーメントがどう変化するか見てみよう。これは（8・3）に（8・1）を代入すればよいのだが，外積の意味から力のモーメントは 0 になる。

$$\boldsymbol{N}=\boldsymbol{r}\times f\boldsymbol{r}=\boldsymbol{0} \qquad (8\cdot8)$$

これを（8・6）に代入すると，角運動量の時間変化が 0 であることもわかる。

$$\frac{d\boldsymbol{L}}{dt}=\boldsymbol{0} \qquad (8\cdot9)$$

一般に，以下を**角運動量保存の法則**と呼ぶ。

> 質点に作用する力のモーメントが恒常的に 0 であれば，角運動量は運動中一定に保たれる

つまり中心力だけを受けて運動する質点の場合は，角運動量保存の法則が成立するという特徴を持っている。

8.1.2　中心力の運動の特徴

先に見たように，中心力の下での運動では角運動量が保存するという性質がある。そのため，その運動には以下にあげる 2 つの特徴が出現する。特徴の一つは角運動量がベクトルであることからでてくる。ベクトルが不変ということは，大きさだけでなく方向も変化しないということを意味している。このこと

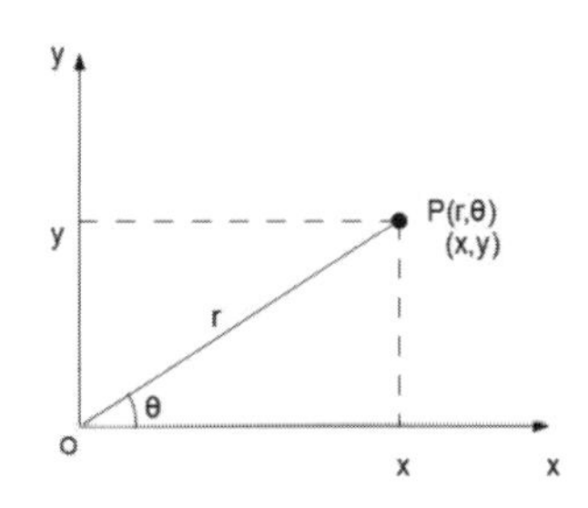

から質点の位置ベクトル$\boldsymbol{r}$と速度$\boldsymbol{v}$は，角運動量$\boldsymbol{L}$に垂直な平面内にとどまることがわかる。逆に言うと，中心力のみが働く質点の運動は，$\boldsymbol{L}$に垂直な平面内でおこなわれる。

もう一つの特徴は面積速度が一定になることであるのだが，その説明には極座標系を導入する必要がある。2 次元面上の点は直交座標系(x, y)で表現しても良いが，極座標系(r, θ)でも表せる。両者の関係は，以下のようになる。

$$\begin{cases} x = r cos\theta \\ y = r sin\theta \end{cases} \Leftrightarrow \begin{cases} r = \sqrt{x^2 + y^2} \\ tan\theta = y/x \end{cases} \qquad (8・10)$$

これは図からすぐわかるが，速度・加速度の変換式となると厄介になる。第 1 章でも述べたように，これが初等力学を難しくしている一因なのだが，コンピュータを使う場合は常に直交座標系しか利用しないので問題とならない。ただしここでの説明では極座標系における速度，加速度の表記のみは必要となるので，以下に結果だけを上げておく。

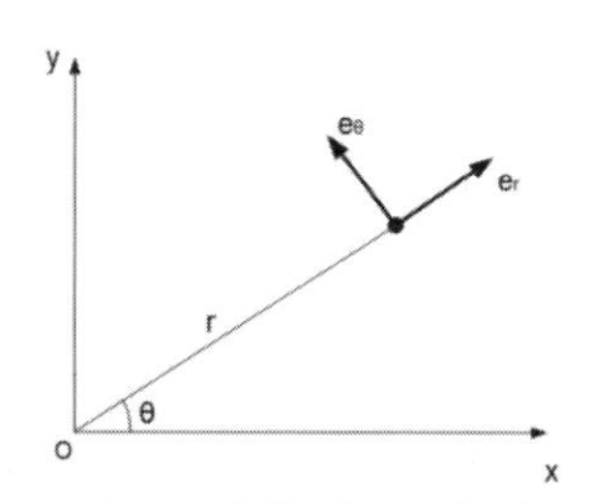

$$\boldsymbol{v} = \frac{dr}{dt}\boldsymbol{e_r} + r\frac{d\theta}{dt}\boldsymbol{e_\theta} \qquad (8・11)$$

$$\boldsymbol{a} = \left(\frac{d^2r}{dt^2} - r\left(\frac{d\theta}{dt}\right)^2\right)\boldsymbol{e_r} + \frac{1}{r}\frac{d}{dt}\left(r^2\frac{d\theta}{dt}\right)\boldsymbol{e_\theta} \qquad (8・12)$$

ここで$\boldsymbol{e_r}, \boldsymbol{e_\theta}$は図にあるように$r$方向，$\theta$方向の単位ベクトルである。さてここで中心力の話に戻る。中心力はr方向しか力が働かないので，θ 方向の加速度は 0 である。つまり（8・12）より

$$r^2\frac{d\theta}{dt} = const \qquad (8・13)$$

となる。

（8・13）の意味を知るために，面積速度なるものを導入する。図のように時間Δtの間に，動径 OP が掃く面積をΔSとしよう。これは近似的には三角形 OPQ に等しいので

$$\Delta S = \frac{1}{2}(r + \Delta r) r \Delta\theta \qquad (8・14)$$

である。動径が単位時間あたりに掃く面積を表す物理量を，面積速度と呼ぶ。面積速度は面積の時間微分に等しいため

$$\frac{\mathrm{d}S}{dt} = \lim_{\Delta t \to 0} \frac{\Delta S}{\Delta t} = \frac{1}{2} r^2 \frac{d\theta}{dt} \qquad (8 \cdot 15)$$

であるが，これは（8・13）の左辺を 1/2 倍したものである。以上より，中心力のみが働く運動は，面積速度が一定となる。

8.1.3　ケプラーの法則と万有引力の法則

さてこれからニュートンがやったように，惑星の運動から万有引力の法則を導いてみよう。惑星運動の鍵となるのは，ケプラーによって発見された以下の３つの法則である。

１）惑星の軌道は，太陽を一つの焦点とする楕円である。
２）太陽から惑星に引いた動径の描く面積速度は，一定である。
３）惑星の公転周期の二乗は，惑星の長軸の３乗に比例する。

ケプラーの３つの法則が正しいと仮定しよう。まず（8・15）を使って，２）を定式化しておこう。

$$\frac{d\theta}{dt} = \frac{h}{r^2} \qquad (8 \cdot 16)$$

ここでhは面積速度の２倍に当たる一定量$h = 2dS/dt$である。さらに（8・12）と（8・13）から惑星運動は太陽からの中心力によって引き起こされることが推測できるので，それを仮定としよう。すると（8・12）により

$$m\left(\frac{d^2r}{dt^2} - r\left(\frac{d\theta}{dt}\right)^2\right) = F_r \qquad (8 \cdot 17)$$

となるが，この式の左辺を先に導入した一定量hで書き直してみる。

$$\frac{dr}{dt} = \frac{dr}{d\theta}\frac{d\theta}{dt} = \frac{h}{r^2}\frac{dr}{d\theta} = -h\frac{d}{d\theta}\left(\frac{1}{r}\right) \qquad (8 \cdot 18)$$

$$\frac{d^2r}{dt^2} = \frac{d}{d\theta}\left(\frac{dr}{dt}\right)\frac{d\theta}{dt} = -\frac{h^2}{r^2}\frac{d^2}{d\theta^2}\left(\frac{1}{r}\right) \qquad (8 \cdot 19)$$

ここで惑星は楕円上に存在するという１）を使う。まず長半径a，短半径bの下図のような楕円を考える。ここでＯは原点であり，Ｓは頂点の一つであるとす

る。Ｓから楕円上にある点までの距離は

$$r = \frac{l}{1-ecos\theta} \quad (8・20)$$

と書けることがわかっている。なおlは半通経，eは離心率と呼ばれるものである。半通経は図にある通りである。離心率は円からのずれを表現するもので，$e = 0$は円の場合であり，楕円では$0 < e < 1$である。なお両者を楕円の長半径a，短半径bで表すと，以下のようになる。

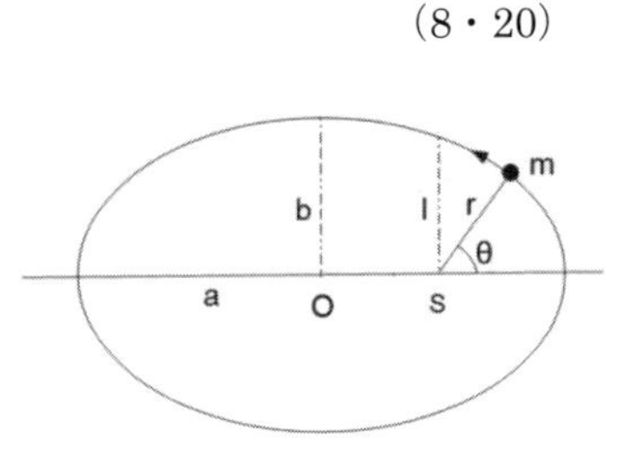

$$l = b^2/a \qquad e = \sqrt{a^2 - b^2}/a \quad (8・21)$$

（8・20）の場合，（8・18）（8・19）がどうなるか見てみよう。このとき

$$\frac{d}{d\theta}\left(\frac{1}{r}\right) = -\frac{e}{l}sin\theta \quad (8・22)$$

$$\frac{d^2}{d\theta^2}\left(\frac{1}{r}\right) = -\frac{e}{l}cos\theta = \frac{1}{l} - \frac{1}{r} \quad (8・23)$$

$$\frac{d^2r}{dt^2} = -\frac{h^2}{lr^2} + \frac{h^2}{r^3} \quad (8・24)$$

であることは，すぐにわかるであろう。これを（8・17）に代入して

$$F_r = m\left(-\frac{h^2}{lr^2} + \frac{h^2}{r^3} - \frac{h^2}{r^3}\right) = -\frac{mh^2}{lr^2} \propto \frac{m}{r^2} \quad (8・25)$$

となる。なぜなら惑星運動が一定の楕円上をまわっているなら，半通径lは定数とみなせるからである。そのため（8・25）から，以下がわかる[29]。

> 惑星に作用する力は，太陽の方向に向かっている中心力であり，その大きさは惑星の質量に比例し，太陽からの距離の２乗に逆比例している。

---

[29] （8・25）の右辺が負であることから，太陽から受けている力は引力であることがわかる。

なお第三法則を利用すると，惑星の公転周期Tを用いて（8・25）を以下のように書き直せるが，上記の事実は不変である。

$$F_r = -\frac{mh^2}{lr^2} = -\frac{4\pi^2 ma^3}{r^2T^2} \qquad (8\cdot26)$$

さて惑星が太陽から受ける引力が逆２乗則に従うことは分かったが，作用・反作用の法則から，太陽も惑星からこれと同じ大きさの引力を受けているはずである。また作用・反作用は太陽と惑星とについて全く相互的なものであるので，この引力の大きさが惑星の質量に比例しているなら，太陽の質量にも比例していることが推察できる。まとめると太陽と惑星との間に働く力は，それらの質量と相互の間の距離には関係しているが，それ以外のものには関連していないように見える。ニュートンはこの事実を拡張して，質量をもった物体同士の間には必ず引力が働くと考えた。これは

質量を持っている物体同士は，互いに引き合う。その力の大きさは引き合う物体の質量の積に比例し，距離の２乗に反比例する。

と表現されるが，これこそ**万有引力の法則**である。２つの物体の質量をそれぞれm, Mとし，数式で表現すると以下のようになる。

$$F_r = G\frac{mM}{r^2} \qquad (8\cdot27)$$

また比例定数Gを，万有引力定数と呼ぶ。

8.2節　ルンゲ・クッタ法

8.2.1　ルンゲ・クッタ法の原理

前章はオイラー法を改良したホイン法について，説明をした。残念ながらホイン法も精度の問題を抱えており，さらなる改良が必要である。そのため本章では，微分方程式の実用的な数値解法であるルンゲ・クッタ法について，概略を説明する。

ルンゲ・クッタ法の原理は，ホイン法の延長線上にある。以下の方程式

$$\frac{dy}{dt} = f(t, y) \qquad (8\cdot28)$$

を解く場合を考えよう。オイラー法では１次のテイラー展開が

$$y(t+\Delta t) = y(t) + y'(t)\Delta t \quad \Rightarrow \quad y'(\mathrm{t}) = \frac{y(t+\Delta t)-y(t)}{\Delta t} \tag{8・29}$$

であるので，これを（8・28）に代入して

$$\frac{y(t+\Delta t)-y(t)}{\Delta t} = f(t,y) \tag{8・30}$$

とした。ホイン法では 2 次までのテイラー展開を利用して

$$y(t+\Delta t) = y(t) + y'(t)\Delta t + \frac{1}{2!}y''(t)(\Delta t)^2$$

$$\Rightarrow \quad y'(\mathrm{t}) = \frac{y(t+\Delta t)-y(t)}{\Delta t} - \frac{1}{2}y''(t)\Delta t \tag{8・31}$$

これを（8・28）に代入して

$$\frac{y(t+\Delta t)-y(t)}{\Delta t} = f(t,y) + \frac{1}{2}y''(t)\Delta t \tag{8・32}$$

とした。ルンゲ・クッタ法では 4 次までのテイラー展開を利用して

$$y(t+\Delta t) = y(t) + y'(t)\Delta t + \frac{1}{2!}y''(t)(\Delta t)^2 + \frac{1}{3!}y'''(t)(\Delta t)^3 + \frac{1}{4!}y^{''''(t)(\Delta t)^4}$$

$$\Rightarrow \quad y'(\mathrm{t}) = \frac{y(t+\Delta t)-y(t)}{\Delta t} - \frac{1}{2}y''(t)\Delta t - \frac{1}{3!}y'''(t)(\Delta t)^2 - \frac{1}{4!}y''''(t)(\Delta t)^3 \tag{8・33}$$

これを（8・28）に代入して

$$\frac{y(t+\Delta t)-y(t)}{\Delta t} = f(t,y) + \frac{1}{2}y''(t)\Delta t + \frac{1}{3!}y'''(t)(\Delta t)^2 + \frac{1}{4!}y''''(t)(\Delta t)^3 \tag{8・34}$$

ルンゲ・クッタ法では，（8・34）が出発点となる。この式の右辺には高階微分が残っているので，ホイン法でやったことと同じような方法でこれらを消していく。ただしその手続きはやや面倒なので，本書では結果のみ示しておく。y_nからy_{n+1}を求める漸化式は，最終的に以下のようになる。

$$y_{n+1} = y_n + \frac{\Delta t}{6}[k_1 + 2k_2 + 2k_3 + k_4] \tag{8・35}$$

ただし

$$k_1 = f(t_n, y_n) \tag{8・36}$$

$$k_2 = f(t_n + \frac{\Delta t}{2}, y_n + \Delta t\frac{k_1}{2}) \tag{8・37}$$

$$k_3 = f(t_n + \frac{\Delta t}{2}, y_n + \Delta t\frac{k_2}{2}) \tag{8・38}$$

$$k_4 = f(t_n + \Delta t, y_n + \Delta t k_3) \tag{8・39}$$

ルンゲ・クッタ法でもオイラー法やホイン法と同様に，初期値をt_0，y_0が与えられるとそれ以後が順次求まっていく。

$t_0, y_0 \Rightarrow t_1, y_1 \Rightarrow t_2, y_2 \Rightarrow t_3, y_3 \Rightarrow \cdots\cdots$

プログラムは以下のように書けばよい。

```
for (《変数の初期値》;《条件式》;《加算する値》) {
        k1 = f(t,y);
        k2 = f(t+dt/2, y+dt*k1/2);
        k3 = f(t+dt/2, y+dt*k2/2);
        k4 = f(t+dt, y+dt*k3);
        y = y + dt/6.0 * ( k1 + 2.0*k2 +2.0*k3 + k4);
}
```

ルンゲ・クッタ法はオイラー法はもちろん，ホイン法に比べても数学的には面倒である。しかし精度改善の効果は抜群であり，微分方程式の実用的な数値解法とみなされている。そのため，これ以後はルンゲ・クッタ法を利用することにする。

［対話８－１］(Runge.java)

以下の線形型の微分方程式（対話７－１と同じ微分方程式）を解くルンゲ・クッタ法のプログラムを作成せよ。

$$\frac{dy}{dt} = \frac{y}{t} + t^3$$

```
public class Runge {
        public static void main(String[] args) {
                double y,t,dt,tmin,tmax,tnew,k1,k2,k3,k4,ytrue;
                y=1.0;
                tmin=1.0;
                dt=0.1;
                tmax=5.0;
```

```
		System.out.println(tmin+ ", "+ y);
		for(t=tmin;t<tmax;t=t+dt){
				k1 = f1(t,y);
				k2 = f1(t+dt/2, y+dt*k1/2);
				k3 = f1(t+dt/2, y+dt*k2/2);
				k4 = f1(t+dt, y+dt*k3);
				y = y + dt/6.0 * ( k1 + 2.0*k2 + 2.0*k3 + k4 );
				tnew=t+dt;
				ytrue=tnew*(tnew*tnew*tnew/3.0+2.0/3.0);
				System.out.println(tnew + ", "+ y +", "+ytrue);
		}
	}
	public static double f1(double t,double y){
		return y/t+t*t*t;
	}
}
```

プログラムに関する説明

・オイラー法やホイン法からどの程度改良が進んでいるかをみるために，対話７－１のプログラムも再度実行してほしい。ルンゲ・クッタ法が実用的に優れていることを，体験できるであろう。

8.2.2　惑星運動のシミュレーション

先の説明では，ケプラーの法則を基にして万有引力の法則を導いた。プリンキピアでニュートンがおこなったのはこれであるが，多くの教科書では逆，つまり万有引力の法則を与えてケプラーの法則を導くことがおこなわれる。そこでここでは後者の視点から，惑星運動を調べてみることにする。

まず太陽を座標原点に固定し，太陽の重力場の影響下で運動している惑星に注目する。万有引力の法則が正しいとすると，この惑星には太陽からの距離の2 乗に反比例した力が働くことになる。太陽の質量をM，惑星の質量をmとす

ると，ニュートンの運動方程式に（8・27）を代入して

$$\frac{d^2\boldsymbol{r}}{dt^2} = -G\frac{mM}{r^2}\boldsymbol{e_r} \qquad (8\cdot 40)$$

となる。ここで$\boldsymbol{r} = \boldsymbol{r}(x, y, z)$であり，$\boldsymbol{e_r}$は座標原点にある太陽と惑星を結ぶの方向の単位ベクトルである。また$r = \sqrt{x^2 + y^2 + z^2}$である。（8・40）は３次元的な式であるが，中心力の場合は平面運動になることを思い出してほしい。つまり惑星が運動する平面上にｘ，ｙ軸を取り，それと垂直にｚ軸を設定すると，（8・37）は(x, y)の２次元的な式になる。これを書き下すと$r = \sqrt{x^2 + y^2}$として

$$\begin{cases} \dfrac{d^2x}{dt^2} = G\dfrac{mM}{r^2} & (\boldsymbol{e_x}\text{成分}) \\ \dfrac{d^2y}{dt^2} = G\dfrac{mM}{r^2} & (\boldsymbol{e_y}\text{成分}) \end{cases} \qquad (8\cdot 41)$$

の２つの式になる。ここで$\boldsymbol{e_x}$，$\boldsymbol{e_y}$はx, y方向の単位ベクトルであり，$\boldsymbol{e_r}$と以下の関係にあることを利用した。

$$e_x = e_r cos\theta = e_r\frac{x}{r} \quad e_y = e_r sin\theta = e_r\frac{y}{r}$$

ただしθはｘ軸と$\boldsymbol{e_r}$とのなす角である。数学的には，これで問題を解く用意ができた。

さらに両式とも２階微分方程式であるので，それぞれを１階微分を含む２つの連立方程式に変換する必要がある。結局，方程式の数は４つになる。またそれに応じて出現する変数もx，y，v_x，v_yの４つになる。

$$\begin{cases} \dfrac{dx}{dt} = v_x \\ \dfrac{dy}{dt} = v_y \\ \dfrac{dv_x}{dt} = G\dfrac{mM}{r^2}\boldsymbol{e_x} = G\dfrac{mM}{r^3}x \\ \dfrac{dv_y}{dt} = G\dfrac{mM}{r^2}\boldsymbol{e_y} = G\dfrac{mM}{r^3}y \end{cases} \qquad (8\cdot 42)$$

プログラムもこれに応じて作ればよいのだが，ルンゲ・クッタ法を利用した２次元の２階微分方程式を解く場合，変数が多くなりすぎて混乱してしまう。そこでこれら４つの変数を統一的に扱うために，以下のような記号を導入する。

$$x[0] = x \quad x[1] = y \quad x[2] = v_x \quad x[3] = v_y$$

また，これに応じて（8・42）の右辺の関数も，以下のようにする。

$$f[0]=v_x \quad f[1]=v_y \quad f[2]=G\frac{mM}{r^3}x \quad f[3]=G\frac{mM}{r^3}y$$

これでかなりスッキリした取扱いができるが，以下のプログラムではルンゲ・クッタ法の部分をメソッドとしてしまうことで, さらに見通しをよくしている。

［対話８－２］(Gravitation.java)

G=1,M=100,m=1 の単位系においてニュートンの運動方程式（8・42）を解き，ケプラーの第二法則（面積速度一定）を確かめよ。

```
public class Gravitation {
        public static void main(String[] args) {
                double[] x0=new double[4];
                double[] x =new double[4];
                double[] f =new double[4];
                int i,j;
                double dt,te,t0,h,s;

                x0[0]= 100.0;
                x0[1]= 0.0;
                x0[2]= 0.0;
                x0[3]= 0.85;
                t0=0.0;
                dt=0.05;

                for(j=1;j<1000;j++){
                        rk(dt,x,x0,f);
                        s=(x0[0]*x0[3]-x0[1]*x0[2])/2.0;
                        System.out.println(x0[0]+ ", "+ x0[1]+ ", "+ s);
                }
        }
        public static void rk(double dt, double x[], double x0[], double f[]){
```

```
        int j,k;
        double[] k1=new double[4];
        double[] k2=new double[4];
        double[] k3=new double[4];
        double[] k4=new double[4];

        for(j=0;j<4;j++) x[j]=x0[j];
        ffunc(x,f);
        for(j=0;j<4;j++) k1[j]=f[j];

        for(j=0;j<4;j++) x[j]=x0[j]+dt*k1[j]/2.0;
        ffunc(x,f);
        for(j=0;j<4;j++) k2[j]=f[j];

        for(j=0;j<4;j++) x[j]=x0[j]+dt*k2[j]/2.0;
        ffunc(x,f);
        for(j=0;j<4;j++) k3[j]=f[j];

        for(j=0;j<4;j++) x[j]=x0[j]+dt*k3[j];
        ffunc(x,f);
        for(j=0;j<4;j++) k4[j]=f[j];

        for(j=0;j<4;j++){
                x[j]=x0[j]+dt/6.0*(k1[j]+2.0*k2[j]+2.0*k3[j]+k4[j]);
        }

        for(j=0;j<4;j++) x0[j]=x[j];
}
public static void ffunc(double x[], double f[]){
        double r,g,m,M;
```

```
                    int i,j;
                    m=1.0;
                    M=100.0;
                    g=-1.0;
                    r = Math.sqrt(x[0]*x[0]+x[1]*x[1]);
                    f[0]=x[2];
                    f[1]=x[3];
                    f[2]=g*m*M*x[0]/(r*r*r);
                    f[3]=g*m*M*x[1]/(r*r*r);
          }
}
```

プログラムに関する説明

・面積速度を直交座標系で表現すると，以下のようになる。

△OPP′=1/2×□OPQP′

=1/2*(□OBQD−△OP′C−△OAP−□CP′QD−□ABQP)

=1/2*(xx′−x′y)

ところで

$(v\cdot\Delta t)_x=x'-x$　　　$(v\cdot\Delta t)_y=y'-y$

であるから

$\triangle OPP'=(xv_y-yv_x)*\Delta t/2$

以上より

面積速度　$S=1/2*(xv_y-yv_x)$

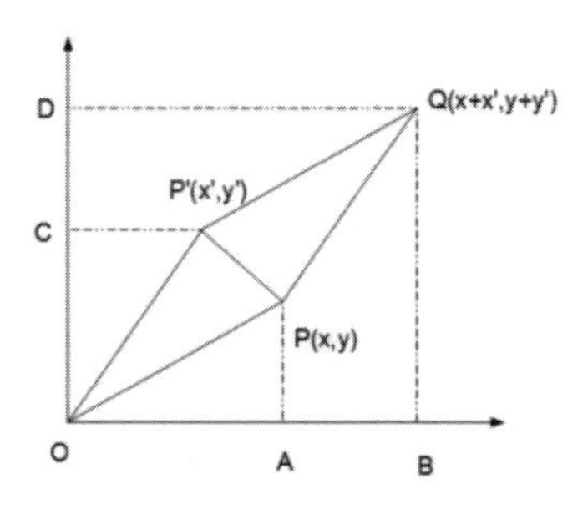

第９章　相対運動

物体の運動を記述するためには，まずは基準系を設定しなければならない。なぜなら基準系の取り方が違えば,運動は全く異なるように見えるからである。例えば地面を基準系とした場合に鉛直に降るように見える雨は，動いている車に張り付いている基準系からみると斜めに降る。本章では基準系の設定が，物体の運動の様子をどのように変えるかを概観する。また Java のグラフィックス機能についても，学習する。

9.1節　慣性力・遠心力・コリオリの力

9.1.1　並進運動と慣性系

物体Pの運動を,2つの座標系O, O′から観測する。ただし図のように O′は，その座標軸を O と平行に保ちながら運動するものとする。任意の時刻 t における P の O 系及び O′ 系での位置ベクトルをそれぞれ$\boldsymbol{r}(x,y)$，$\boldsymbol{r}'(x',y')$，O 系に対する O′ 系の原点の位置ベクトルを$\boldsymbol{r_0}(x_0,y_0)$とすれば

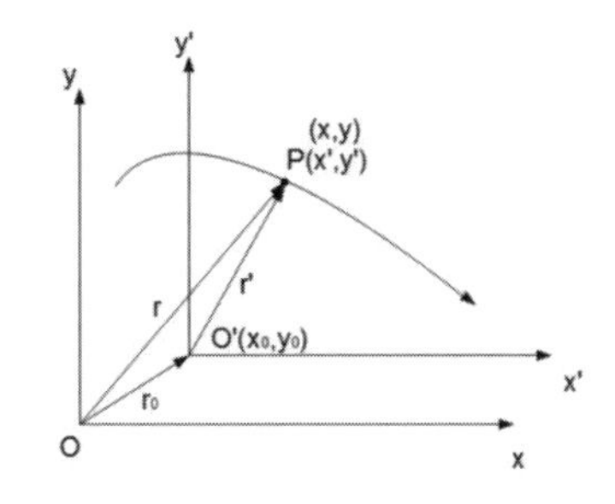

$$\boldsymbol{r} = \boldsymbol{r_0} + \boldsymbol{r}' \quad (9\cdot1)$$

が成立する。これを時間で微分すれば

$$\boldsymbol{v} = \boldsymbol{v_0} + \boldsymbol{v}' \quad (9\cdot2)$$

$$\boldsymbol{a} = \boldsymbol{a_0} + \boldsymbol{a}' \quad (9\cdot3)$$

となる。ここで何もついていないもの，′ が付いているもの，下付きの0があるものは，それぞれの O 系，O′ 系，O 系から見た O′ 系の原点の速度・加速度を示す記号である。

ここで述べたような座標軸の傾きが時間的に変わらない運動を，**並進運動**という。特に O′ 系が O 系に対して等速度運動をする場合には，$\boldsymbol{a} = \boldsymbol{a}'$となる。以前に述べたように，ニュートンの運動方程式は慣性系においてだけ成り立つ

が，仮にO系が慣性系とするとO系に対して等速運動しているO′系も慣性系となることは明らかであろう。つまり慣性系は1つではなく，以下のようになっている。

ある慣性系に対して等速運動している任意の系も，やはり慣性系である。

慣性系が1つあれば，それに対して等速並進運動をするすべての座標系が力学的に平等であるという事実は，**ニュートン力学における相対性原理**と呼ばれる。

9.1.2　加速並進系とダランベールの原理

先に述べたのはもっとも単純な場合であるので，今度はもう少し複雑な場合，つまり加速並進系を考えよう。ある慣性系Oに対して加速しながら並進運動をしている座標系をO′とする。O系は慣性系であるので，ニュートンの運動方程式

$$m\boldsymbol{a} = \boldsymbol{F} \tag{9・4}$$

が成立する。O系に対してO′系は加速度$\boldsymbol{a_0}$で並進運動しているとすると，運動方程式は（9・3）から

$$m\boldsymbol{a}' = m(\boldsymbol{a} - \boldsymbol{a_0}) = \boldsymbol{F} - m\boldsymbol{a_0} \tag{9・5}$$

となる。つまりO′系では，運動の第二法則が成り立たないことがわかる。

しかし（9・5）から明らかなように，O′系では真の力$\boldsymbol{F}$のほかに見かけの力$m\boldsymbol{a_0}$が働くと考えると，O′系でも第二法則が成り立つ。このような見かけの力を慣性力と呼ぶが，今の場合は並進運動をしているので並進慣性力と呼んでよい。<u>以上まとめると，並進加速系では運動方程式を立式する際には，並進慣性力を組み入れればよいことがわかる。</u>

特にO′系が物体と同じ加速度，つまり$\boldsymbol{a_0} = \boldsymbol{a}$で運動している場合を考える。このとき，O′系では物体は止まって見えるので，$\boldsymbol{a}' = \boldsymbol{0}$となる。これを（9・5）に代入すると

$$\boldsymbol{F} - m\boldsymbol{a} = \boldsymbol{0} \tag{9・6}$$

やはり O′ 系では慣性力$-m\boldsymbol{a}$が出現するが，上式はこれが真の力$\boldsymbol{F}$とつりあうことを示している。つまり

> 慣性系から見た動力学の問題は，物体に乗って見た場合は慣性力と真の力とのつりあいという静力学の問題と考え直せる

ということを意味している。これを**ダランベールの原理**という[30]。

9.1.3　回転運動と遠心力

O 系に対して任意の動きをする O′ 系を考えるのは，とても難しい問題となる。そのため，次に慣性系 O に対して一定の角速度で回転している O′ 系を考え，そこではどのような見かけの力が働くのか見てみよう[31]。簡単のため O, O′ とも 2 次元とし，かつ O′ 系に対して質点は静止していると考える。また図のように，O 系の座標を(x, y)，O′ 系の座標を(ξ, η)で表現する。

まずこの運動を O 系でみる。O 系では質点mが原点まわりに一定の角速度ωで等速円運動をしているように見える。もしなんの力も質点に働かないのなら等速直線運動をおこなうはずであるが，実際には円運動をしている。このようなことが起こるためには，以前に

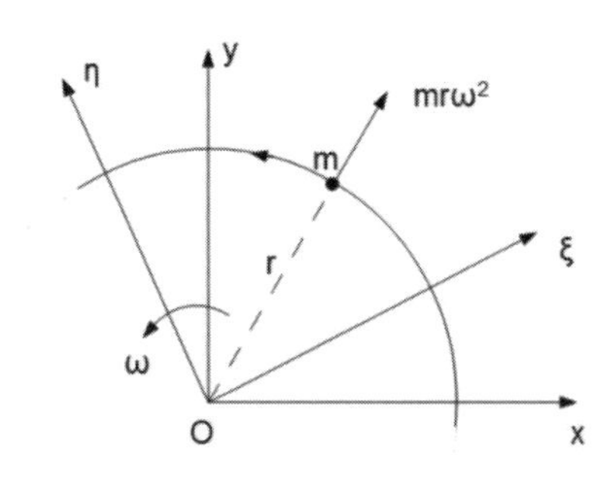

やったように質点には O 系の原点の方向に向かう大きさ$mr\omega^2 = mv^2/r$の向心力が働く必要がある。なお念のために言っておくが，質点が円運動をすることによって向心力が生まれるのではない。あくまで向心力が最初にあり，それが

---

[30] 第 13 日で述べるように，静力学では「仮想仕事の原理」というものによって，複雑な条件があるときでも問題を簡単に処理できる。ダランベールの原理は，この便利さを動力学にも応用することに道を開くという意義をもっていることに注意してほしい。

[31] O′ 系は慣性系ではないので，見かけの力が働く。

原因となり結果として等速円運動が引き起こされている，ということに注意してほしい。

さて次に，質点の運動を O′ 系から見てみよう。O′ 系では質点は静止しているので，力がつりあいの状態にあるはずである。O 系においては，質点に働いている力は向心力であった。しかし O′ 系においては，質点に働いている力として向心力の他に，それとは逆向きの力を付け加え，全体として力はつりあっているとみる。これはダランベールの原理の応用であり，O′ 系において新たに付け加わったこの見かけの力を遠心力と呼ぶ。なお向心力と遠心力の違いは大切なので，念のためにはっきり書いておく。

向心力：静止している人から円運動している物体を見たときに，円の中心方向に働く力。

遠心力：物体と同じ円運動をしている人から見たときに，物体に働く見かけの力。大きさは向心力と同じで，向きは逆である。

遠心力は日常生活にもよく出てくるので，違和感はないであろう。例えば公園にある回転ジャングルジムに乗ると，回転が早くなるにつれて外側に振り飛ばされるような感覚になる。やや急なカーブを自動車で高速走行する場合も，遠心力を感じるであろう。なお私たちが住んでいる地球も自転しているため，遠心力が働く。そのため地球上にある物体はすべて，自転軸から遠ざかる方向に遠心力が働くことになる。

9.1.4 回転運動とコリオリの力

最後の問題設定として，先と同じく慣性系 O に対して一定の角速度で回転している O′ 系を考えてみよう。ただし先ほどと違い，O′ 系に対しても質点は運動している場合を考える。この時には遠心力のほかに**コリオリの力**という見かけの力が新たに出現する。ただしコリオリの力は遠心力と違い日常生活で体験することは少ないので，数式で導く前に直観的に理解することから始めよう。

コリオリの力というのは移動する物体に対して，その進路を曲げようとする

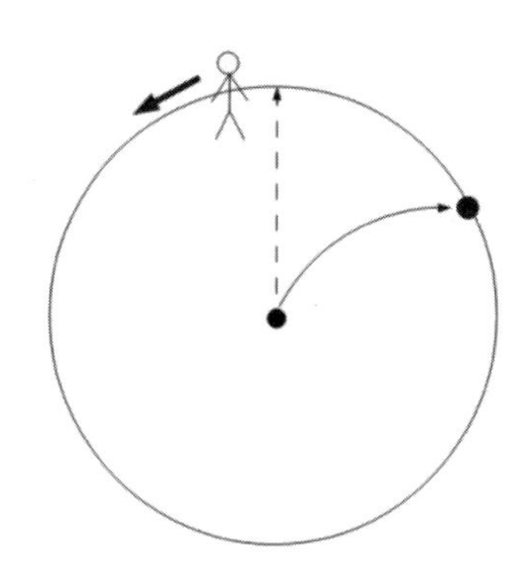

見かけの力（つまり慣性力）のことである。このことを，図にあるように円盤上でボールを転がす例で考えてみよう。今 O 系を地面に張り付いた座標系，O′ 系を O 系に対して一定の角速度で回転している円盤に張り付いた座標系とする。さて円盤の中心にいる人から，円盤の端にいる人に向かってボールを転がしてみよう。O 系からみると，ボールはまっすぐに端にいる人に向かって動いていくように見える。しかし円盤は回転しているため，ボールはまっすぐ進んでいるのに人が反時計回りに回転してしまい，ボールを受け取ることが出来ない。これが O 系から見た運動の様子である。次に同じことを円盤とともに回転している円盤の端にいる人から見てみよう。この場合，円盤の中心から転がされたボールは最初こそ自分のほうに転がってきたものの，謎の力（見かけの力）がどんどん加わることで左側にずれていくように見える。この見かけの力がコリオリの力なのである。

コリオリの力の直観的な説明は以上の通りであるが，これを数式を使って導出してみよう。慣性系 O 系に対して，一定の角速度 ω で回転している O′ 系を考えてみよう。そしてある１つの点に注目し，それを O 系から見た場合の座標値を (x, y, z)，O′ 系から見た場合の座標値を (x', y', z') とする。O 系での単位ベクトルを $\boldsymbol{e_x}, \boldsymbol{e_y}, \boldsymbol{e_z}$，O′ 系での単位ベクトルを $\boldsymbol{e_x}', \boldsymbol{e_y}', \boldsymbol{e_z}'$ とすると，このことは以下のように表現できる。

$$\boldsymbol{r} = x\boldsymbol{e_x} + y\boldsymbol{e_y} + z\boldsymbol{e_z} = x'\boldsymbol{e_x}' + y'\boldsymbol{e_y}' + z'\boldsymbol{e_z}' \qquad (9 \cdot 7)$$

ただし $\boldsymbol{r}$ は，O 系から見たこの点の位置ベクトルである。この注目点が移動しているとすると，慣性系 O を基準として（9・7）を時間微分して

$$\boldsymbol{v} = \frac{dx}{dt}\boldsymbol{e_x} + \frac{dy}{dt}\boldsymbol{e_y} + \frac{dz}{dt}\boldsymbol{e_z}$$

$$= \frac{dx'}{dt}\boldsymbol{e_x}' + \frac{dy'}{dt}\boldsymbol{e_y}' + \frac{dz'}{dt}\boldsymbol{e_z}' + x'\frac{d\boldsymbol{e_{x'}}}{dt} + y'\frac{d\boldsymbol{e_{y'}}}{dt} + z'\frac{d\boldsymbol{e_{z'}}}{dt}$$

$$= \boldsymbol{v}' + x'\frac{d\boldsymbol{e_{x'}}}{dt} + y'\frac{d\boldsymbol{e_{y'}}}{dt} + z'\frac{d\boldsymbol{e_{z'}}}{dt} \qquad (9 \cdot 8)$$

となる。ここで$\frac{de_{i'}}{dt}(i=x,y,z)$ について考えてみよう。微小時間Δtで$\boldsymbol{e_i}'(t)$が$\boldsymbol{e_i}'(t+\Delta t)$となったとすると，図より

$$\boldsymbol{e}_i'(t+\Delta t)=\boldsymbol{e}_i'(t)+\Delta\boldsymbol{e_i}'=\boldsymbol{e}_i'(t)+\big(\boldsymbol{\omega}\times\boldsymbol{e}_i'(t)\big)\Delta t \qquad (9\cdot 9)$$

つまり以下が成立する。

$$\frac{\boldsymbol{e}_i'(t+\Delta t)-\boldsymbol{e}_i'(t)}{\Delta t}=\boldsymbol{\omega}\times\boldsymbol{e}_i'(t) \qquad (9\cdot 10)$$

これを（9・8）に代入して

$$\boldsymbol{v}=\boldsymbol{v}'+x'\boldsymbol{\omega}\times\boldsymbol{e}_x'(t)+y'\boldsymbol{\omega}\times\boldsymbol{e}_y'(t)+z'\boldsymbol{\omega}\times\boldsymbol{e}_z'(t)$$
$$=\boldsymbol{v}'+\boldsymbol{\omega}\times\boldsymbol{r}' \qquad (9\cdot 11)$$

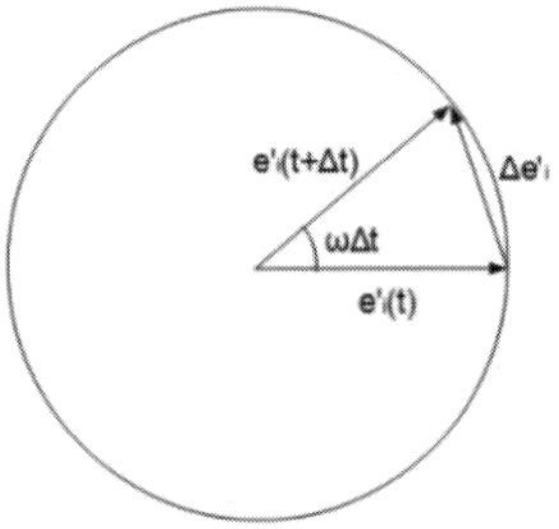

これがO系とO′ 系の速度の関係式である。

e'i(t+Δt)
Δe'i
ωΔt
e'i(t)

さらに加速度についても考えてみよう。（9・7）を2階微分して，（9・10）を利用すると

$$\boldsymbol{a}=\frac{d^2x'}{dt^2}\boldsymbol{e_x}'+\frac{d^2y'}{dt^2}\boldsymbol{e_y}'+\frac{d^2z'}{dt^2}\boldsymbol{e_z}'$$

$$+2\left(\frac{dx'}{dt}\frac{de_{x'}}{dt}+\frac{dy'}{dt}\frac{de_{y'}}{dt}+\frac{dz'}{dt}\frac{de_{z'}}{dt}\right)$$

$$+x'\frac{d}{dt}\big(\boldsymbol{\omega}\times\boldsymbol{e}_i'(t)\big)+x'\frac{d}{dt}\big(\boldsymbol{\omega}\times\boldsymbol{e}_i'(t)\big)+x'\frac{d}{dt}\big(\boldsymbol{\omega}\times\boldsymbol{e}_i'(t)\big)$$
$$=\boldsymbol{a}'+2\boldsymbol{\omega}\times\boldsymbol{v}'+\boldsymbol{\omega}\times(\boldsymbol{\omega}\times\boldsymbol{r}') \qquad (9\cdot 12)$$

これがO系とO′ 系の加速度の関係式である。

これらの準備の後，運動方程式を考える。出発点はO系から見たニュートンの運動方程式である。

$$m\frac{d^2\boldsymbol{r}}{dt^2}=\boldsymbol{F} \qquad (9\cdot 13)$$

これをO′ 系でみると

$$m\frac{d^2\boldsymbol{r}'}{dt^2}=\boldsymbol{F}-2m\boldsymbol{\omega}\times\boldsymbol{v}'-m\boldsymbol{\omega}\times(\boldsymbol{\omega}\times\boldsymbol{r}') \qquad (9\cdot 14)$$

となる。大切なのはこれらの数式の解釈であるが，右辺の第2項と第3項が座標変換によって新しく付け加わった力，つまり慣性力である。第3項は数式の形からわかるように，遠心力である。$\boldsymbol{r}'$方向の遠心力はそれぞれr'の 1 乗に比

例すること，力の方向は$\boldsymbol{r}'$の正の方向であることが，この式からわかる。つまりこれらの数式は，遠心力は回転軸から離れるほど強く外側へ力が働くことを意味しているが，これは経験とも合致する。

次に第2項だが，これがコリオリの力である。コリオリの力の働く方向をみるために，コリオリの力によって北半球に発生する台風の巻き込みが反時計回りになることを示そう。地表面に静止している回転系O′系においては，(9・14）の第2項のコリオリの力が働く。$\boldsymbol{\omega}$は自転軸の方向であるので，この式の形から台風の南側及び北側から中心部に流れ込む空気は，どちらも進行方向から見て右へ逃げようとする力が働くことがわかる。そのため左巻きの渦ができるというのが，コリオリの力を用いた説明である。別の見方として，今度は地球の自転に対して静止している宇宙空間O系から台風をみることを考えよう。この場合はコリオリの力は働かなくなるが，台風の目も大気も地球とともに回転している。台風の目に比べて北側の大気の動きは小さく，南側の大気の動きは大きくなる。そのため台風の目からみると，この両側の大気は図のように運動しているので，やはり左巻きの渦ができるのである。

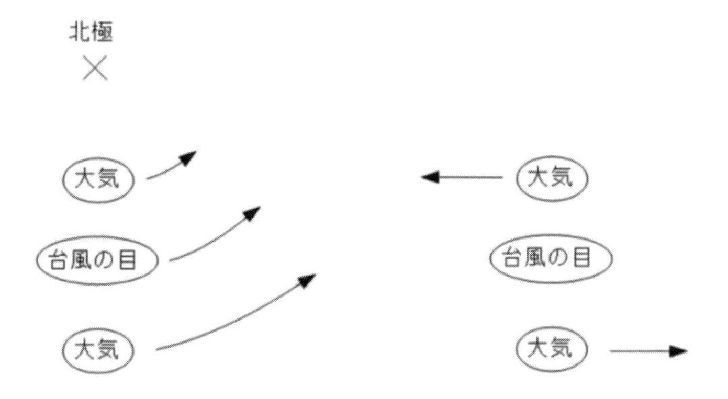

9.2節　AWTとGUI

前章までで，ルンゲ・クッタ法という微分方程式の数値解法までを説明した。これで多くの実用的な問題には対応できることから，今後はグラフィックスやアニメーションに力を入れて説明していく。特に本章ではAWTとGUIについて説明する。

9.2.1　AWTでウィンドウを作る

Java のグラフィックス機能を利用する上で欠かせないのが，第 6 章で紹介した java.awt（Abstract Window Toolkit : **AWT**）パッケージである。これは **GUI**（Graphical User Interface）の基本であるウィンドウと，その上に配置する様々な部品類をまとめたパッケージである。java.awt パッケージにはたくさんのクラスが入っており，それら１つ１つを import で指定するのは面倒である。以前にも説明したように，この時にはワイルドカード「*」を使うと，そのパッケージの全クラスが使えるようになる。まずは手始めに，ウィンドウの作成からおこなって見よう。[32]

［対話９－１］(Mywin.java)

ウィンドウを画面に表示するするプログラムを作成せよ。

```
import java.awt.*;
public class Mywin extends Frame {
        public Mywin() {
                super();
                setTitle("NewWindow");
                setSize (400,200);
        }
        public static void main (String args []) {
                Mywin myWindow;
                myWindow = new Mywin();
                myWindow.setVisible(true);
        }
```

32 本書の第 9～11 章にかけてのグラフィックス・アニメーションについては，掌田津耶乃氏のインターネット上の公開講座『初心者のための Java SE プログラミング入門』に，大きく依存していることを申し添えておく。（URL については参考文献を参照。）

}

プログラムに関する説明

・2 行目は拡張クラスの宣言である。**extends** は，別のクラスの機能をそのまま受け継いで新しいクラスを作る「**継承**」を意味する。新たに作られるクラス Mywin は,Frame という Java が用意したクラスの性質を引き継いでいる，というのがこの行の意味である。継承関係にあるクラスにおいて，継承元のクラスを**スーパークラス**，継承先のクラスを**サブクラス**と呼ぶ。

```
class 継承先のクラス extends 継承元のクラス {・・・}
```

・8行目に main メソッドの定義があるので,8行目以後が main メソッドとなる。3〜7 行目に入り込んでいる部分はこれまで無かったものなので，やや困惑するかもしれない。これはその形からメソッドであることはわかると思うが，実はインスタンスの初期化をおこなう働きをする**コンストラクタ**と呼ばれるものである。クラスを作成した際にコンストラクタを用意しておくと，のちにインスタンスを作るごとにいちいち初期化をしなくてよいので，とても便利である。なおコンストラクタは，クラス名と同じ名前のメソッドとして用意することが決められている。

・次にコンストラクタの中身を見てみよう。4行目であるが，**super**()はサブクラスのコンストラクタからスーパークラスのコンストラクタを参照したい場合に使用する。これにより，これから作られるインスタンスは Frame クラスのもつ様々な機能を使えるようになる。なお一般にスーパークラスのフィールドやメソッドを利用する場合は，以下のようにする。

```
super.フィールド名
super.メソッド名（引数）
```

・5行目はウィンドウ名の設定，6行目はウィンドウサイズの設定である。

・9行目は myWindow という変数を定義する部分であり，変数の型は Mywin というクラスである。つまりここではクラス型の変数を定義していることになる。

・10行目はnewを使ってクラスの部品，つまりインスタンスを作り出している部分である。この部分については，既に第6章で説明した通りである。

・11行目でmyWindowの中のsetVisible()というメソッドを呼びだし，先ほど作りだしたインスタンス（myWindow）を画面に実際に表示している。setVisibleは引数にtrueを指定するインスタンスを画面に表示し，falseを指定すると非表示にする働きをする。

・なお9～11行目は，以下のように1行で書くこともできる。次からはこの書き方でプログラムを作っていく。

```
new Mywin ().setVisible(true);
```

9.2.2　GUIを作成する

先に作ったウィンドウは，まだ何の部品も持たない単純な姿をしている。今後のためにも，このウィンドウ上に様々な部品を配置することにしよう。

［対話9－2］(Mywin2.java)

先のプログラムを改良し，ラベルとボタンをウィンドウ上に表示するするプログラムを作成せよ。

```
import java.awt.*;
public class Mywin2 extends Frame {
        public Mywin2 () {
                super ();
                setTitle("New_window");
                setSize (400,250);
                setLayout(null);
                Label mylabel;
                mylabel = new Label ("Welcome to the new window.");
                mylabel.setBounds(120,100,200,30);
```

```
                this.add ("Center",mylabel);
                Button mybutton;
                mybutton = new Button ("OK");
                mybutton.setBounds(150,150,100,25);
                this.add ("South",mybutton);
        }
        public static void main (String args []) {
                new Mywin2 ().setVisible(true);
        }
}
```

プログラムに関する説明

・先のプログラムと重複している部分が多いため，新しく出てきた部分のみを説明する。

・まず7行目の setLayout(null) であるが，これを理解するためには**レイアウトマネージャ**というものを知る必要がある。AWT のウィンドウ類には，レイアウトを管理するレイアウトマネージャが設定されている[33]。レイアウトマネージャには様々な種類があるが，ここでのスーパークラスである Frame に設定されているのは**ボーダーレイアウト**というものである。これは全体を上下左右中央の5ケ所に分けて組み込むというものであるが，ここでは自由なレイアウトで部品を配置したいのでボーダーレイアウトを無効にしている。そのため，このプログラムでは自分で部品の位置と大きさをひとつひとつ決めていく必要がある。

・8～11行目は，「Welcome to the new window.」というテキストを表示するラベルクラスの部品を作るものである。8行目で **Label** を収める変数 mylabel を定義している。9行目でインスタンス mylabel を作りだしている。11行目で myLabel をウィンドウ中央に組み込んでいる。

---

33 レイアウトマネージャの存在により，配置した部品の位置や大きさなどが自動調整されている。

・7 行目でレイアウトマネージャをなくしたので，位置や大きさは自分で設定してやらないといけない。それをおこなっているのが 10 行目および 14 行目である。４つのパラメータは部品の左上隅の位置(x, y)，および横幅と縦幅の４つの値を意味している。

```
setBounds (x, y, width, hight)
```

・11 行目および 15 行目で「Center」「South」という指定をすることで，ウィンドウの中央部・下部に部品を配置している。なお「North」「East」「West」とすると，ウィンドウの上部・右部・左部に部品を配置できる。

・12～15 行目は,「OK」というボタンを作る働きをしている。12 行目で，**Button** を収める変数 mybutton を定義している。13 行目で，Button クラスのインスタンスとして mybutton を作っている。14 行目で mybutton の大きさを，15 行目でそれをウィンドウの下部に組み込んでいる。

・なおここで出てきた add は，ラベルとボタンをウィンドウに組み込む働きをするもので，以下のように使用する。

```
ＸＸＸ.add (配置場所,ＹＹＹ);
```

これにより，ＹＹＹがＸＸＸに組み込まれる。例えば 11 行目なら，mylabel が 18 行目で作り出されるインスタンス Mywin2 (this は「このインスタンス」という意味) に組み込まれることになる。なお this を省略して add() と書いても良い。

9.2.3　回転系における質点の運動

AWT と GUI についてはこのぐらいにして，次にルンゲ・クッタ法を利用して回転系における質点の運動を再現してみよう。回転系における運動は（9・14）で表現されるが，ここでは特に簡単な場合，つまり$\boldsymbol{F} = \boldsymbol{0}$で$\boldsymbol{\omega} = (0,0,\omega_z)$を考えよう。この時（9・14）は，以下のようになる。

$$\frac{dv_x}{dt} = 2\omega v_y + x\omega^2 \qquad (9\cdot15)$$

$$\frac{dv_y}{dt} = -2\omega v_x + y\omega^2 \qquad (9\cdot16)$$

［対話９－３］(Coriolis.java)

上記の場合について，回転系での質点の運動を再現するプログラムを作成しなさい。

```
public class Coriolis{
        public static void main(String[] args) {
                double[] x0=new double[4];
                double[] x =new double[4];
                double[] f =new double[4];
                double dt,te,t0,h;
                int i,j;
                x0[0]= 0.0;
                x0[1]= 0.0;
                x0[2]= 0.0;
                x0[3]= 1.0;
                t0=0.0;
                dt=0.01;
                System.out.println(x0[0]+ ", "+ x0[1]);

                for(j=1;j<100;j++){
                        rk(dt,x0,x,f);
                        System.out.println(x0[0]+ ", "+ x0[1]);
                }
        }
        public static void rk(double dt, double x0[], double x[], double f[]){
                int j,k;
                double[] k1=new double[4];
```

```
            double[] k2=new double[4];
            double[] k3=new double[4];
            double[] k4=new double[4];

            for(j=0;j<4;j++) x[j]=x0[j];
            ffunc(x,f);
            for(j=0;j<4;j++) k1[j]=f[j];

            for(j=0;j<4;j++) x[j]=x0[j]+dt*k1[j]/2.0;
            ffunc(x,f);
            for(j=0;j<4;j++) k2[j]=f[j];

            for(j=0;j<4;j++) x[j]=x0[j]+dt*k2[j]/2.0;
            ffunc(x,f);
            for(j=0;j<4;j++) k3[j]=f[j];

            for(j=0;j<4;j++) x[j]=x0[j]+dt*k3[j];
            ffunc(x,f);
            for(j=0;j<4;j++) k4[j]=f[j];

            for(j=0;j<4;j++)
            x[j]=x0[j]+dt/6.0*(k1[j]+2.0*k2[j]+2.0*k3[j]+k4[j]);

            for(j=0;j<4;j++) x0[j]=x[j];
}
public static void ffunc(double x[], double f[]){
            double omega=0.3;
            f[0]=x[2];
            f[1]=x[3];
            f[2]=2.0*omega*x[3]+x[0]*omega*omega;
```

```
                    f[3]=-2.0*omega*x[2]+x[1]*omega*omega;
          }
}
```

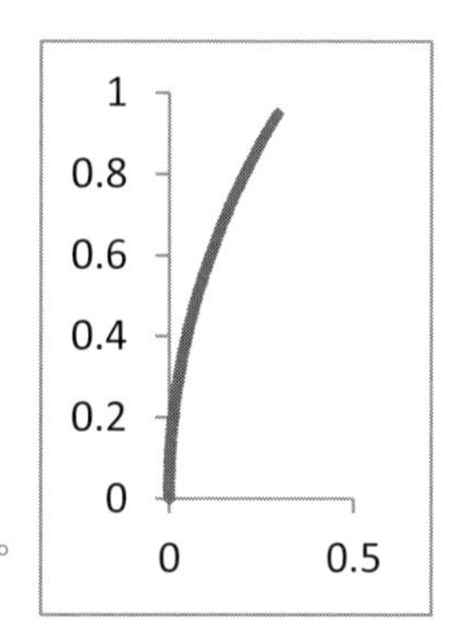

プログラムに関する説明

・8行目から11行目にかけて位置・速度の初期値を設定している。時間の刻み幅 dt も，13行目で設定している。

・16行目から19行目の部分が，ルンゲ・クッタ法を利用した微分方程式の数値解法である。rk メソッドは，以前のものを使いまわしているだけである。ひとたびプログラムを書いてしまえば，それが使い回せることを再度実感してほしい。

・ffunc の部分だけ，(9・15)(9・16) を考慮して新しく書き下している。

第１０章　質点系の運動

10日目

これまで見てきたように，１つの質点の運動はニュートンの運動法則により比較的単純に解明できる。しかし現実の問題においては１つの質点が単独で孤立して存在することはまれで，多数の質点が集まっていることが多い。このような系を**質点系**と呼ぶが，第10章及び11章では２つ以上の質点からなる質点系を考えることにする。質点系の取り扱いは大切であるので具体的な応用例は次章にとっておき，本章ではその一般論を中心に話を進めていくことにする。また Java に関する話題として,イベント処理とグラフィックス機能について練習を積む。

10.1節　質点系の運動の一般論

10.1.1　内力と外力

質点系の運動を記述する原理は，極めて単純である。質点系は１つ１つの質点に分解できるので，これらの運動がわかれば質点が多数集まって互いに作用しあっている系全体の運動もわかる。個々の質点それぞれに対しては，これまでやってきたようにニュートンの運動方程式が成り立つ。仮に各質点に作用する力がわかれば，質点に対する運動法則を適用することですべての質点の運動が解明できる。ここで述べたことは確かにその通りなのだが，質点の数が多くなった場合は見通しが悪くなる。個々の質点の運動も大事であるが，より重要なのは系全体の振る舞いである。

そこで見方を変えて，１つ１つの質点を考えるのではなく質点系全体をまとめて考えることとしよう。この場合は，質点系に属するそれぞれの質点に作用する力を，2 通りに分けるとよい。一つは系に属する他の質点から及ぼされる力（**内力**）であり，もう一つは系の外部から及ぼされる力（**外力**）である。ニュートンの第三法則を考えると，内力については大きな制約が付く。このことを具体的にみるため，最も簡単な 2 質点系を考えよう。一方を質点 1，他方を質点 2 とし，それぞれの位置ベクトルを$\boldsymbol{r_1}$，$\boldsymbol{r_2}$，質量をm_1，m_2とする。質点iに働く外力を$\boldsymbol{F_i}$，質点jが質点iに及ぼす内力を$\boldsymbol{F_{ji}}$とすると，２つの質点の運動方程式は以下のようになる。

$$m_1 \frac{d^2 \boldsymbol{r_1}}{dt^2} = \boldsymbol{F_{21}} + \boldsymbol{F_1} \qquad (10・1)$$

$$m_2 \frac{d^2 \boldsymbol{r_2}}{dt^2} = \boldsymbol{F_{12}} + \boldsymbol{F_2} \qquad (10・2)$$

ここで内力についてはニュートンの第三法則が成立するので，

$$\boldsymbol{F_{12}} + \boldsymbol{F_{21}} = 0 \qquad (10・3)$$

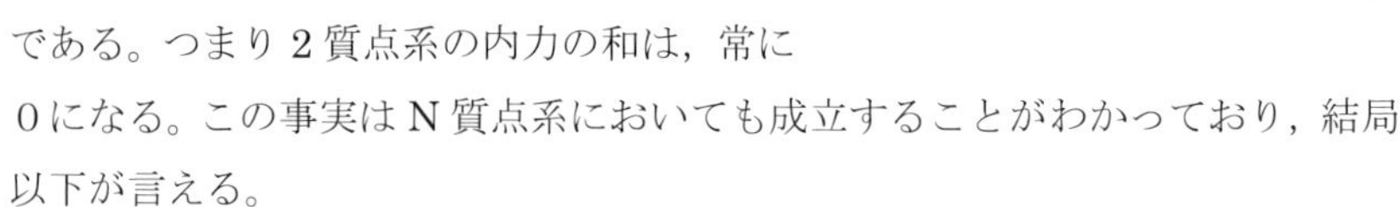

である。つまり 2 質点系の内力の和は，常に 0 になる。この事実は N 質点系においても成立することがわかっており，結局以下が言える。

> 質点系では，系内の各質点に作用する内力のベクトル和は常に 0 である。

なお（10・1）（10・2）より，以下が成立することはすぐわかる。

$$(m_1 + m_2) \frac{d^2}{dt^2} \left(\frac{m_1 \boldsymbol{r_1} + m_2 \boldsymbol{r_2}}{m_1 + m_2} \right) = \boldsymbol{F_1} + \boldsymbol{F_2} \qquad (10・4)$$

ここでt の 2 階微分がかかる括弧内が，2 質点系の質量中心になっていることに注目してほしい。（(10・6) 参照）

さらに原点に関する内力の力のモーメントの和についても考えてみよう。実はこの場合も和は 0 となる。

$$\boldsymbol{r_1} \times \boldsymbol{F_{21}} + \boldsymbol{r_2} \times \boldsymbol{F_{12}} = (\boldsymbol{r_1} - \boldsymbol{r_2}) \times \boldsymbol{F_{21}} = \boldsymbol{0} \qquad (10・5)$$

最後の等式が成り立つのは$(\boldsymbol{r_1} - \boldsymbol{r_2})$と$\boldsymbol{F_{21}}$は図から並行であるから，外積は 0 となるためである。上と同様に，この事実はN質点系においても成立することがわかっており，結局以下が言える。

> 質点系では，系内の各質点に作用する内力のモーメントのベクトル和は常に 0 である。

10.1.2　質量中心

質点系の運動を記述する際には，**質量中心**という概念を使うと便利である。これは多数ある質点の質量がある点に集中しているとみなせるような点，つまり質点系の質量分布の平均的位置にある点のことである。質量中心は重心とも呼ばれるが，これは座標系の選び方にはよらない。質点系において，i番目の質点の質量をm_i，原点 O からの位置ベクトルを$\boldsymbol{r_i}$とする。この時，質量中心 G の位置ベクトル$\boldsymbol{r_G}$は

$$\boldsymbol{r_G} = \frac{\sum m_i \boldsymbol{r_i}}{\sum m_i} \qquad (10・6)$$

と定義される[34]。（証明は第 13 章参照）

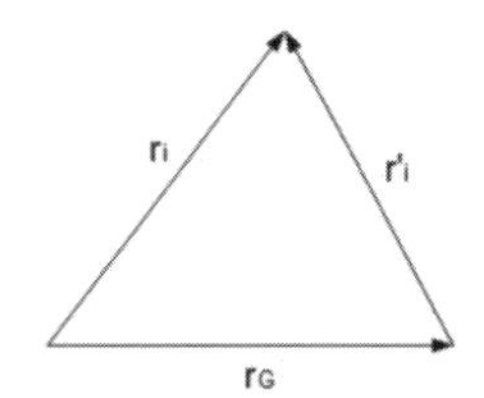

次に今後必要となる便利な関係式を導いておこう。i番目の質点の質量中心 G からの位置ベクトルを$\boldsymbol{r_i}'$とすると

$$\boldsymbol{r_i} = \boldsymbol{r_G} + \boldsymbol{r_i}' \qquad (10・7)$$

となる。この式の両辺にm_iをかけ，全ての質点について加え合わせると

$$\sum m_i \boldsymbol{r_i} = \left(\sum m_i\right)\boldsymbol{r_G} + \sum m_i \boldsymbol{r_i}'$$

$$\Rightarrow \qquad \sum m_i \boldsymbol{r_i}' = \boldsymbol{0} \qquad (10・8)$$

さらにこの式を時間で微分して

$$\sum m_i \boldsymbol{v_i}' = \boldsymbol{0} \qquad (10・9)$$

（10・8），（10・9）は質量中心に関して，よく用いられる関係式である。

10.1.3　質点系の運動量

ここでは質点系の運動量に関する定理や法則について述べる。ある質点系に属するi番目の質点の速度を$\boldsymbol{v_i}$，運動量を$\boldsymbol{p_i} = m_i \boldsymbol{v_i}$，この質点に作用する外力を$\boldsymbol{F_i}$，内力を$\boldsymbol{K_i}$とすると，運動方程式は以下のようになる。

$$\frac{d\boldsymbol{p_i}}{dt} = \boldsymbol{F_i} + \boldsymbol{K_i} \qquad (10・10)$$

この質点系に属するすべての質点について，運動方程式を加え合わすと

$$\frac{d\left(\sum \boldsymbol{p_i}\right)}{dt} = \sum \boldsymbol{F_i} \qquad (10・11)$$

34　（10・4）でみた 2 質点系の重心は，これの特殊な場合である。

である。特に質点系の運動量を$\boldsymbol{P}=\sum \boldsymbol{p_i}$，全外力を$\boldsymbol{F}=\sum \boldsymbol{F_i}$と定義すると，

$$\frac{d\boldsymbol{P}}{dt}=\boldsymbol{F} \qquad (10・12)$$

となる。この式から，以下の運動量の性質が導き出せる。

> 質点系の運動量の時間的変化の割合は全外力に等しく，内力に関係しない。

次に質量中心の定義式（10・6）から得られる重要な法則を述べる。この式を時間微分すると

$$\sum m_i \frac{d\boldsymbol{r_G}}{dt}=\sum m_i \frac{d\boldsymbol{r_i}}{dt}=\sum m_i \boldsymbol{v_i}=\boldsymbol{P} \qquad (10・13)$$

となる。つまり，以下が言える。

> 質点系の運動量は，系の全質量が質量中心に集まったと考えた仮想質点のもつ運動量に等しい。

さらに（10・13）を時間微分し（10・12）を使うと

$$\sum m_i \frac{d^2\boldsymbol{r_G}}{dt^2}=\frac{d\boldsymbol{P}}{dt}=\boldsymbol{F} \qquad (10・14)$$

となる。これを言葉に直すと，

> 質点系の質量中心は，系の全質量がその点に集まったと考えた仮想質点に，全外力が集中して作用した場合と同じ運動を行なう。また，内力はこれに関係しない。

となる。特に全外力が0の場合，質点系に関する運動量保存の法則が成立する。

10.1.4　質点系の角運動量

i 番目の質点の位置ベクトルと運動量のベクトル積を取れば，この質点の角運動量になる。

$$\boldsymbol{l}_i = \boldsymbol{r}_i \times \boldsymbol{p}_i \qquad (10・15)$$

両辺の時間微分を取ると，(8・6) と同様にして以下のようになる。

$$\frac{d\boldsymbol{l}_i}{dt} = \boldsymbol{r}_i \times \boldsymbol{F}_i + \boldsymbol{r}_i \times \boldsymbol{K}_i \qquad (10・16)$$

質点系を構成するすべての質点について，これらの式を加え合わすと

$$\frac{d(\sum \boldsymbol{l}_i)}{dt} = \sum(\boldsymbol{r}_i \times \boldsymbol{F}_i) \qquad (10・17)$$

となる。なお上式を導くために，10.1.1 の第 2 番目の性質を利用した。さて $\boldsymbol{L} = \sum \boldsymbol{l}_i$，$\boldsymbol{N} = \sum(\boldsymbol{r}_i \times \boldsymbol{F}_i)$とおくと

$$\frac{d\boldsymbol{L}}{dt} = \boldsymbol{N} \qquad (10・18)$$

となる。これを言葉に直すと，以下のようになる。

> 質点系の角運動量の時間的変化の割合は外力のモーメントのベクトル和に等しく，内力のモーメントに関係しない

これを角運動量の定理という。特に$\boldsymbol{N} = \boldsymbol{0}$つまり外力のモーメントの和が 0 のときは，角運動量保存の法則が成立する。

次にこの系の質量中心$\boldsymbol{r}_G$に関する相対座標$\boldsymbol{r}_i{}'$を導入して，$\boldsymbol{r}_i = \boldsymbol{r}_G + \boldsymbol{r}_i{}'$およびこれを微分した$\boldsymbol{v}_i = \boldsymbol{v}_G + \boldsymbol{v}_i{}'$を利用する。(10・8) (10・9) より

$$\boldsymbol{L} = \sum m_i \boldsymbol{r}_i \times \boldsymbol{v}_i = \sum m_i (\boldsymbol{r}_G + \boldsymbol{r}_i{}') \times (\boldsymbol{v}_G + \boldsymbol{v}_i{}')$$
$$= M\boldsymbol{r}_G \times \boldsymbol{v}_G + \sum m_i \boldsymbol{r}_i' \times \boldsymbol{v}_i' \qquad (10・19)$$

となる。ここで第 1 項は質量中心に全質量が集まったと考えた仮想質点のもつ角運動量であり，また第 2 項は質量中心に関する系の角運動量である。第 1 項を$\boldsymbol{L}_G$，第 2 項を$\boldsymbol{L}'$と書くと，任意の原点に関する質点系の角運動量はつぎのように分解されることがわかる。

$$\boldsymbol{L} = \boldsymbol{L}_G + \boldsymbol{L}' \quad (\boldsymbol{L}_G = M\boldsymbol{r}_G \times \boldsymbol{v}_G,\quad \boldsymbol{L}' = \sum m_i \boldsymbol{r}_i' \times \boldsymbol{v}_i') \qquad (10・20)$$

また上式を変形した$\boldsymbol{L}' = \boldsymbol{L} - \boldsymbol{L}_G$を時間微分すると，(8・6) と同様にして

$$\frac{d\boldsymbol{L}'}{dt} = \frac{d\boldsymbol{L}}{dt} - \frac{d\boldsymbol{L}_G}{dt} = \sum \boldsymbol{r}_i \times \boldsymbol{F}_i - \boldsymbol{r}_G \times \boldsymbol{F}_G$$
$$= \sum(\boldsymbol{r}_G + \boldsymbol{r}_i{}') \times \boldsymbol{F}_i - \boldsymbol{r}_G \times \boldsymbol{F}_G = \sum \boldsymbol{N}_i{}' \qquad (10・21)$$

となる。つまり質量中心に関する角運動量$\boldsymbol{L}'$の時間微分は，質量中心に関する外力のモーメント$\boldsymbol{N}'$に等しい。さらにこの式には質量中心の座標が含まれてい

ない。そのため，質量中心の運動と質量中心に対する相対運動とはまったく独立に取り扱うことができる。つまり質点系にとって質量中心は特別な意義をもつことがわかる。

10.1.5　質点系のエネルギー

質点系の一般論の最後として，エネルギーに関する話題を取り上げる。まずは質点系の位置エネルギーについて述べる。質点系に属する i 番目の質点（質量m_i）の基準面に対する高さをz_iとすれば，この質点の重力に関する位置エネルギーは$m_i g z_i$である。質点系に属するすべての質点についての総和をとれば，$z_i = r_G + z_i'$として（10・8）を利用して

$$U = \sum m_i g z_i = g \sum m_i (r_G + z_i') = M g r_G \qquad (10・22)$$

となる。これを言葉に直すと，以下のようになる。

質点系の重力に対する位置エネルギーは，系の全質量を集めた仮想質点が，質量中心の高さにある場合にもつ位置エネルギーに等しい。

次に質点系の運動エネルギーについて，考えてみよう。ある質点系に属する i 番目の質点の運動方程式（10・10）に対して，$\boldsymbol{v_i}$とのスカラー積をつくると，

$$m_i \boldsymbol{v_i} \cdot \frac{d\boldsymbol{v}_i}{dt} = \boldsymbol{F_i} \cdot \boldsymbol{v}_i + \boldsymbol{K_i} \cdot \boldsymbol{v_i}$$

$$\Leftrightarrow \quad \frac{d}{dt}\left(\frac{1}{2} m_i {v_i}^2\right) = \boldsymbol{F_i} \cdot \frac{d\boldsymbol{r}_i}{dt} + \boldsymbol{K_i} \cdot \frac{d\boldsymbol{r}_i}{dt} \qquad (10・23)$$

質点系に属するすべての質点について，これらの式を加え合わせ，dtを掛けてt_0からtまで積分すると

$$\sum\left(\frac{1}{2} m_i {v_i}^2\right) - \sum\left(\frac{1}{2} m_i {v_{i0}}^2\right) = \sum \int_{t_0}^{t} \boldsymbol{F_i} \cdot d\boldsymbol{r_i} + \sum \int_{t_0}^{t} \boldsymbol{K_i} \cdot d\boldsymbol{r_i} \qquad (10・24)$$

ただしv_{i0}は，時刻t_0における質点の速さである。左辺のそれぞれの項は，系に属する質点の運動エネルギーの総和であり，それをここでは質点系の運動エネルギーと呼ぼう。右辺はそれぞれ外力・内力の仕事なので

質点系の運動エネルギーの増加は，外力および内力のする仕事の総和に等しい

が成立するが，これも 77 ページと同様，エネルギーの定理という。

ここで質点系の運動エネルギーを，$\boldsymbol{v_i} = \boldsymbol{v_G} + \boldsymbol{v_i}'$を利用して変形してみよう。

$$K = \sum \frac{1}{2} m_i {v_i}^2 = \sum \frac{1}{2} m_i (\boldsymbol{v_G} + \boldsymbol{v_i}')^2 = \frac{1}{2}\left(\sum m_i\right) {v_G}^2 + \sum \frac{1}{2} m_i {v_i}'^2 \tag{10・25}$$

左辺は質点系の運動エネルギーK，右辺第 1 項は質量が質量中心に集まった仮想的の質点のもつ運動エネルギーK_Gであり，右辺第 2 項は質量中心に対するおのおのの質点の相対運動の運動エネルギーの総和K'である。つまり

$$K = K_G + K' \tag{10・26}$$

であり，これを言葉に直すと，以下のように表現できる。

質点系の運動エネルギーは，質量が質量中心に集まった仮想的な質点のもつ運動エネルギーと，質量中心に対するおのおのの質点の相対運動の運動エネルギーの総和からなる。

最後になるが質点系へ仕事をする外力，内力がともに保存力だけであるときは，質点系の位置エネルギーを考えることができる。これに先に述べた質点系の運動エネルギーを加えることで，質点系の力学的エネルギーというものが定義できる。なお質点系においても，エネルギー保存の法則が成り立つことを示すことができる。ただし繰り返しを避けるため，ここではその事実だけを指摘し詳細は省略する。

10.2 節　イベント処理・グラフィックス

ここではアニメーションをおこなう際に必要となるイベント処理とグラフィックス機能について説明する。

10.2.1　イベント処理

イベントとは「ボタンがクリックされた」，「キーが押された」など外からの働きかけのことである。Java は，イベントに対応する処理ができる能力を持っている。ただしそのためにはプログラムにイベントが起きた時に実行する処理を書き，イベントが発生したときにそれが呼ばれるように指定しておく必要がある。イベント処理は Java の重要なトピックスなので，まずはここから始めてみよう。

まず簡単なところで，「ボタンをクリックしたら文字が書き換わる」というものを作ってみよう。

［対話１０－１］(Mywin3.java)

ボタンをクリックすると，表示されている文字が書き換わるプログラムを作成せよ。

```
import java.awt.*;
import java.awt.event.*;
public class Mywin3 extends Frame {
        Label mylabel;
        Button mybutton;
        public Mywin3() {
                super();
                setTitle("New_Window");
                setSize(400,250);
                setLayout(null);
                mylabel = new Label("Welcome to the new window.");
                mylabel.setBounds(50,50,200,30);
                this.add(mylabel);
                mybutton = new Button("PUSH");
                mybutton.setBounds(120,100,200,30);
                this.add(mybutton);
```

```
                mybutton.addActionListener(new ClickAction());
        }
        public static void main (String args []) {
                new Mywin3().setVisible(true);
        }
        class ClickAction implements ActionListener {
                public void actionPerformed(ActionEvent ev){
                        mylabel.setText("Thank you!");
                }
        }
}
```

プログラムに関する説明

・プログラムの2行目に，import 文が１つ増えていることに気が付くであろう。Java のイベント関係のクラスは java.awt.event にまとめられているため，これを import しておく必要がある。この部分が２行目になっている。

・次に注目すべきは，22 行目～26 行目の部分である。この部分にクラス ClickAction に関する記述がなされているが，これが Mywin3 クラスの中にがあることに注意してほしい。クラスの中にあるクラスは，**インナークラス（内部クラス）**と呼ばれている。このプログラムでは，インナークラスがイベント処理に関する部分になっている。

・ClickAction クラスの中身をみる前に，それに対応する 17 行目に注目する。Java でのイベント処理の流れは，まずイベントが起こったときにそれを受け取ることから始まる。それができるように，ボタンに対して addActionListener メソッドを実行しておく。この部分の記述は，以下の通りである。

インスタンス名.addActionListener(new 対応するクラス名);

今の場合はボタンを押した時の処理なので，インスタンス名は 14 行目

の mybutton となる。また対応するクラス名はこれから作成することになる ClickAction である。

- 次にイベントを処理する**リスナー**と呼ばれるクラスを作成するが，これが 22 行目の **ClickAction** である[35]。クラス名の後に implements ActionListener が付いているが，これは **ActionListener** クラスは継承しないが機能だけ使えるようにするという意味である。これが **implements**（実装する，または組み込むという意味）の働きなのである[36]。
- 継承と実装の違いは，継承とはスーパークラスを受け継いで新しいクラス（サブクラス）を作成する事，実装とはインタフェースを新しいクラスに組み込む事，である。また Java では継承できるのは 1 つのクラスだけである。つまり class A extends B, C{}のような多重継承は出来ない。一方 class A implements B, C{}という書き方はできるという違いもある。
- それぞれのリスナーに，イベントに対応するメソッドを用意しておく必要がある。この例では 23 行目で **actionPerformed** というメソッドが 1 つ用意されている。イベントが発生すると，actionPerformed メソッドが呼び出されることになる。
- 最後にこのメソッドの中身を見てみよう。このメソッドはボタンをクリックしたら Label のテキストを変える働きをすることが，すぐにわかるであろう。

10.2.2　グラフィックス機能

イベント処理が理解出来たら，今度は画面に図形を描く方法についても理解しよう。Java には Canvas という 2 次元画像の描画に便利なクラスが用意されているため，まずはこれを継承して描画用のメソッドをもったサブクラスを用意する。そしてそれを public クラスに組み込んで表示させれば，グラフィックを Java で描かせることができることになる。まずは単純な描画からやってみよう。

---

[35] リスナーはイベントを監視し，イベント発生時に対応する動作を実行するクラスである。
[36] implements の後に続くクラスは特別なクラスで，インターフェイスと呼ばれる。

［対話１０－２］(Drawcir.java)

Canvas クラスを利用して，円を描くプログラムを作成しなさい。

```
import java.awt.*;
public class Drawcir extends Frame {
		MyCanvas mc;
		public Drawcir() {
				super();
				setTitle("New Window");
				setSize(400,300);
				setLayout(null);
				mc = new MyCanvas();
				mc.setBounds(10,10,390,290);
				this.add(mc);
		}
		public static void main (String args []) {
				new Drawcir().setVisible(true);
		}
		class MyCanvas extends Canvas {
				public void paint(Graphics g) {
						g.drawOval(50,50,100,75);
						g.fillOval(150,150,100,75);
				}
		}
}
```

プログラムに関する説明

・まずプログラム全体からみると，16 行目で Canvas クラスを継承したクラス MyCanvas を作っている。MyCanvas クラスが，描画用のクラスであり，この中に具体的な描画のメソッドを書きこんでいく。なおこのクラスは，2行目にある public クラスのインナークラスになっていることに注意する必要がある。

・MyCanvas クラスの中に1つだけメソッドが用意されているが，これが描画用メソッド paint である。このメソッドに描画の処理を書いておけばよい。

・17行目，18行目でそれぞれ **g.drawOval()** および **g.fillOval()** というメソッドが呼び出されているが，これで具体的な描画をおこなう。使い方は以下の通りである。

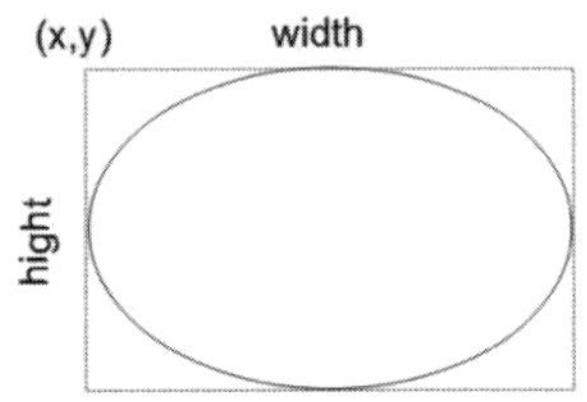


```
枠線だけの円を描く
    drawOval(x, y, width, hight)
塗りつぶした円を描く
    fillOval(x, y, width, hight)
```

・次に MyCanvas クラス以外の部分を見てみよう。3行目で MyCanvas というクラスに対して，インスタンス mc というものを設定している。そして9行目で mc を作成している。

最後になったが,グラフィックス機能とイベント処理を組み合わせてみよう。特にここでは,マウスをクリックすると描画をおこなうようなものを作りたい。このような場合によく利用されるのが **MouseListener** というクラスであるが，これはマウスをクリックしたりした時のイベント処理を行なうためのものである。ただし **MouseAdapter** というものを継承して同様のイベント処理をおこなうこともできるので，ここではこの方法を採用する。プログラムが少し長くなるがそれほど難しくないので，ぜひ理解してほしい。

［対話１０－３］(Appcir.java)

画面をクリックすると，クリックした場所に円を描くプログラムを作成せよ。

```
import java.awt.*;
import java.awt.event.*;
public class Appcir extends Frame {
		Canvas mc;
		public Appcir() {
				super();
				setTitle("New Window");
				setSize(400,300);
				setLayout(null);
				mc = new Canvas();
				mc.setBounds(10,10,390,290);
				this.add(mc);
				mc.addMouseListener(new Clicked());
		}
		public static void main (String args []) {
				new Appcir().setVisible(true);
		}
		class Clicked extends MouseAdapter {
				public void mouseClicked(MouseEvent ev){
						Graphics gr = mc.getGraphics();
						int x = ev.getX();
						int y = ev.getY();
						int r = (int)(Math.random() * 255);
						int g = (int)(Math.random() * 255);
						int b = (int)(Math.random() * 255);
						gr.setColor(new Color(r,g,b));
						gr.fillOval(x - 10,y - 10,20,20);
```

```
                    gr.dispose();
                }
            }
}
```

プログラムに関する説明

- 18行目がMouseAdapterを継承して作られたClickedというクラスである。このクラスの中をみると，mouseClicked というメソッドが用意されていることがわかる。名前からわかるように，これはマウスをクリックするという状態に対応したメソッドである。
- mouseClickedメソッドの中をみると，まずgetGraphicsというメソッドが出てくる。JavaにおいてはGraphicsクラスというものがあり，そこには多数の描画用メソッドが用意されている。つまりそれらを呼び出さないと図形の描画をおこなうことができないので，この呼び出しをおこなうのが**getGraphics**メソッドなのである。
- 次にgetX，getYが出てくるが，これらはイベントが発生した時のマウスの縦横の位置を取り出す働きをするメソッドである。このmouseClickedメソッドではMouseEvent型のインスタンスevがパラメータとして渡されており，それによってgetXとgetYでマウスの位置を調べることができる。
- 描いた円に様々な色を付けるため，R（赤）G（緑）B（青）の濃さを 0 から 255 の範囲で設定する。そのため0～1の実数を返す**Math.random**に255を掛けているのだが，ここでのRGBの値は整数でなければならない。そのため(int)で実数を整数に型変換している。そして26行目で色を設定するために，インスタンスgrに対してsetColorメソッドを実行している。記述方法は，先にaddActionListenerで説明したのと同じである。
- 28行目の**dispose**は，Graphicsを消去するメソッドである。JavaではGraphicsは使い終わったら dispose メソッドを使って破棄するのがマナーになっているため，ここでもそれに従った。ここまでがClickedクラスの中身である。
- 最後になるが，マウスのクリックというイベントが起こったときに対応できるように，インスタンスmcに対して**addMouseListener**メソッドを実行しておく。これが 13 行目であるが，この部分の記述も先に addActionListener で説明したのと同じである。

第１１章　様々な質点系

11日目

前章では質点系の一般論について述べたので，本章では質点系の具体例について考えてみよう。取り上げるのは2体衝突，物体の分裂，連成振動，散乱問題である。さらにJavaのアニメーションを利用して，3体問題のシミュレーションをおこなう。

11.1節　質点系の具体例

11.1.1　2体衝突

一直線上を運動する質量m_1，速度v_1の物体Aが，同じ直線上を運動する質量m_2，速度v_2の物体Bに追いついて衝突するとき，衝突前後で各物体の運動量がどのように変化するか見てみよう。衝突の瞬間には図のようにAには衝撃力$-F$が，Bには衝撃力Fが働く。衝突後の速度を$'$で表現すると，(6・2)式より

$$m_1 v_1' - m_1 v_1 = -F\Delta t \tag{11・1}$$

$$m_2 v_2' - m_2 v_2 = F\Delta t \tag{11・2}$$

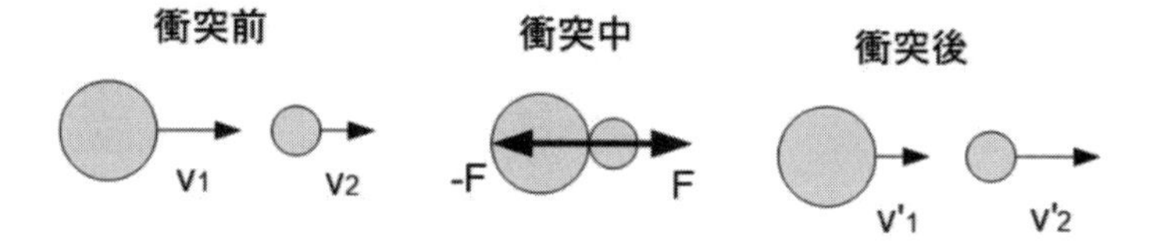

ただしΔtは衝撃力が働いた微小時間とする。これら2つの式から，運動量保存の法則が導かれる。

$$m_1 v_1' + m_2 v_2' = m_1 v_1 + m_2 v_2 \tag{11・3}$$

衝突前の速度v_1，v_2を与えても，上の式だけでは衝突後の速度v_1'，v_2'を求めることができない。しかし実験的には接近速度を$v_1 - v_2$，分離速度を$v'_1 - v'_2$としたとき

> 接近速度と分離速度との比は，衝突する2つの物体の相対速度には無関係で，両方の物体の組合せで決まる一定の値をとる

という，ニュートンの反発の法則が成立することがわかっている。これを数式で表現すると

$$\frac{v_1'-v_2'}{v_1-v_2}=-e \qquad (0\le e\le 1) \tag{11・4}$$

となるが，eを**反発係数**と呼ぶ。反発係数はよく跳ね返る物体ほど 1 に近くなり，逆にあまり跳ね返らない場合ほど0に近くなる。反発係数は2つの物体が何でできているかに依存し，ガラス・ガラスや象牙・象牙の衝突では大きく，鉛・鉛や鉛・鉄では小さくなることが知られている。反発係数がわかれば，(11・3）と（11・4）から衝突後の速度が求められる。

$$v_1'=v_1+\frac{m_2(1+e)}{m_1+m_2}(v_2-v_1) \tag{11・5}$$

$$v_2'=v_2-\frac{m_1(1+e)}{m_1+m_2}(v_2-v_1) \tag{11・6}$$

衝突係数が1でない場合は，運動エネルギーは保存されない。このことは，以下の計算から簡単にわかる。

$$\Delta K=\frac{1}{2}\left(m_1{v_1'}^2+m_2{v_2'}^2\right)-\frac{1}{2}\left(m_1{v_1}^2+m_2{v_2}^2\right)$$

$$=-\frac{1}{2}\frac{m_1m_2}{m_1+m_2}(1-e^2)(v_1-v_2)^2\le 0 \tag{11・7}$$

最後に質量m_1，速度v_1の滑らかな球 A と質量m_2，速度v_2の滑らかな球 B が，図のように中心線に対して角θ_1，θ_2の方向から衝突する場合を考えよう。滑らかな面の接触では，面に沿った方向に力の作用が伝わらない。そのため力は球の中心線の方向にのみ働き，それと垂直な方向の速度成分は変化しない。

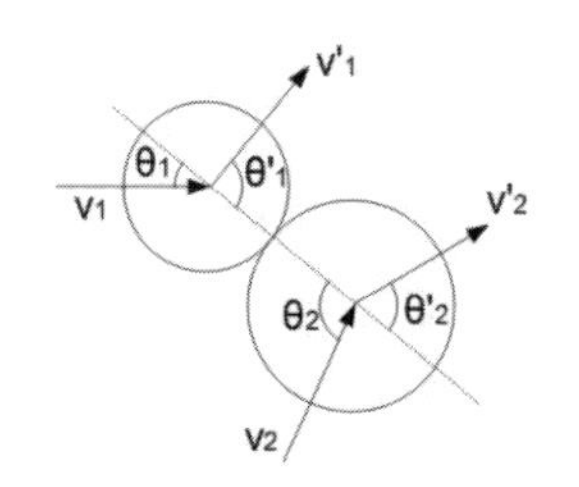

衝突後の速度及び角度を′ で表現すると，以下の４つの方程式が成立する。

$$v_1' sin\theta_1{}' = v_1 sin\theta_1 \tag{11・8}$$

$$v_2' sin\theta_2{}' = v_2 sin\theta_2 \tag{11・9}$$

$$m_1 v_1' cos\theta_1{}' + m_2 v_2' cos\theta_2{}' = m_1 v_1 cos\theta_1 + m_2 v_2 cos\theta_2 \tag{11・10}$$

$$v_2' cos\theta_2' - v_1' cos\theta_1{}' = e(v_1 cos\theta_1 - v_2 cos\theta_2) \tag{11・11}$$

４つの式があるので，衝突前の速度v_1，v_2と角度θ_1，θ_2が与えられると，衝突後の速度$v_1{}'$，$v_2{}'$と角度$\theta_1{}'$，$\theta_2{}'$を求めることができる。

11.1.2　物体の分裂

１つの物体が，運動中に２つ以上の物体に分裂する場合を考えよう。仮に外部から力がはたらかなければ運動量保存則が成立し，分裂前後での全運動量は変わらない。この事実を利用すると，様々なことがわかる。

具体例として，ロケットが燃料を後方に噴射して速度を増す場合を，一直線上の分離問題としてとらえてみよう。ある瞬間に質量M，速度vで飛ぶロケットの運動量はMvである。時間Δtの後，ロケットは後方に質量ΔM，ロケットに対して相対速度$-V$で燃料を噴射し速度をΔvだけ増したとする。この時のロケットと燃料の運動量の和は

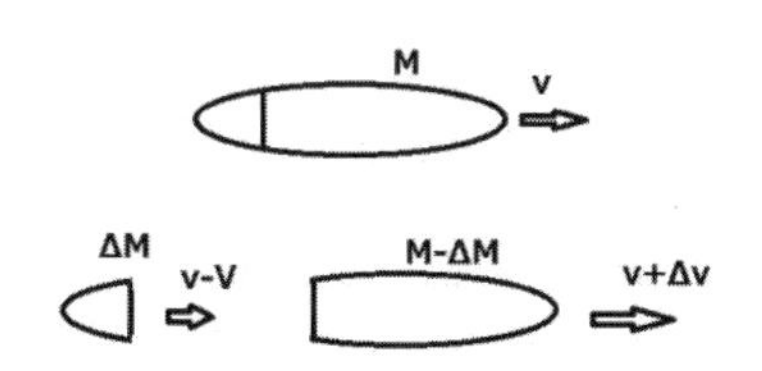

$$(M - \Delta M)(v + \Delta v) + \Delta M(v - V) \cong Mv + M\Delta v - V\Delta M \tag{11・12}$$

である。運動量保存の法則より，これがMvに等しいので

$$\Delta v = V\frac{\Delta M}{M} \qquad \Rightarrow \qquad v = V\int\frac{dM}{M} \tag{11・13}$$

が成立する。

ロケットの出発時の質量をM_0，燃料を使いきったときの質量をM_1とする。ロケットから噴き出す燃料のロケットに対する相対速度Vは常に一定値だとすると，ロケットの最終速度vは

$$v = VlnM|_{M_1}^{M_0} = \mathrm{V}\ln\frac{M_0}{M_1} \tag{11・14}$$

となる。

11.1.3　連成振動

2 つ以上の物体が，互いに作用を及ぼし合うように連結されて行なう振動を**連成振動**という。図のように質量m_1，m_2の 2 つの物体が，ばね定数k_1，k_2，Kのばねでつながれ，振動している場合を考えよう。ただしばねは強くて重力は無視でき，かつつりあいの位置では 3 つのばねは自然の長さにあるものとする。いま，つりあいの位置から物体を右方向へそれぞれx_1，x_2ずらしたとする。物体m_1は左のばねから$-k_1x_1$の力を，右のばねから$-K(x_1-x_2)$の力を受けるため，

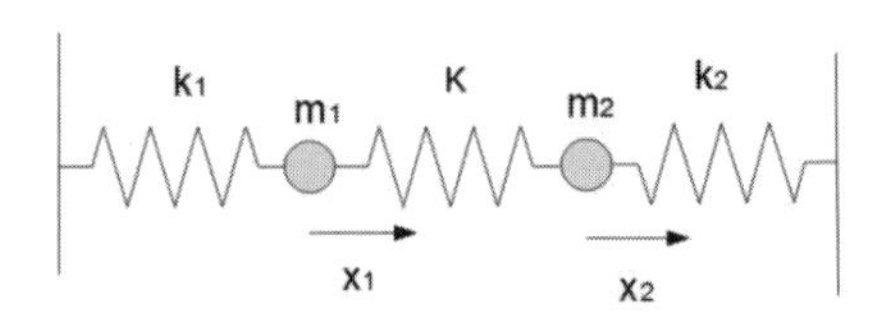

$$m_1\frac{d^2x_1}{dt^2}=-k_1x_1-K(x_1-x_2) \tag{11・15}$$

が成立する。同様に物体m_2に関する運動方程式は，以下のようになる。

$$m_2\frac{d^2x_2}{dt^2}=-k_2x_2+K(x_1-x_2) \tag{11・16}$$

これを解けばよいのであるが，簡単のために$m_1=m_2=m$，$k_1=k_2=k$の場合を考える。この時，上の式は

$$\frac{d^2x_1}{dt^2}=-Ax_1+Cx_2 \tag{11・17}$$

$$\frac{d^2x_2}{dt^2}=-Ax_2+Cx_1 \tag{11・18}$$

$$A=(k+K)/m \qquad \mathrm{C}=K/m \tag{11・19}$$

になる。(11・17)，(11・18) を組み合わせると

$$\frac{d^2(x_1+x_2)}{dt^2}=-(A-C)(x_1+x_2) \tag{11・20}$$

$$\frac{d^2(x_1-x_2)}{dt^2}=-(A+C)(x_1-x_2) \tag{11・21}$$

であるので，以下が言える。

$$x_1+x_2=2A_1\sin(\omega_1t+\epsilon_1) \tag{11・22}$$

$$x_1-x_2=2A_2\sin(\omega_2t+\epsilon_2) \tag{11・23}$$

$$\omega_1 = \sqrt{k/m} \qquad \omega_2 = \sqrt{(k+2K)/m} \tag{11・24}$$

ここでA_1，ϵ_1，A_2，ϵ_2は積分定数である。これらより

$$x_1 = A_1 \sin(\omega_1 t + \epsilon_1) + A_2 \sin(\omega_2 t + \epsilon_2) \tag{11・25}$$

$$x_2 = A_1 \sin(\omega_1 t + \epsilon_1) - A_2 \sin(\omega_2 t + \epsilon_2) \tag{11・26}$$

となる。これからわかるように，連成振動はいくつかの単振動の重ね合せとみなせる。これは一般的に成り立つ性質で，これらの単振動を**規準振動**，その振動数を規準振動数という。

11.1.4　散乱問題

2 つの質点が相互作用を及ぼしあいながら近づくとき，その進路が曲げられることがある．これを散乱というが，その力が作用・反作用に従う保存力であってそのほかに外力がないときは，運動量およびエネルギーの保存則が成り立つ。このような散乱を，**弾性散乱**と呼ぶ。

質量m_1の質点が質量m_2の質点に向かって動いているとしよう。この時，2 つの質点の位置ベクトルを$\boldsymbol{r_1}$，$\boldsymbol{r_2}$，質点jが質点iに及ぼす力を$\boldsymbol{F_{ji}}$とすると，それぞれの運動方程式は

$$m_1 \frac{d^2 \boldsymbol{r_1}}{dt^2} = \boldsymbol{F_{21}} \tag{11・27}$$

$$m_2 \frac{d^2 \boldsymbol{r_2}}{dt^2} = \boldsymbol{F_{12}} \tag{11・28}$$

作用・反作用の法則によって$\boldsymbol{F_{12}} = -\boldsymbol{F_{21}}$であるから，両式を加え合わせれば（10・4）と同様にして，質量中心が等速度運動をすることがわかる。また両式を引き合えば

$$\frac{d^2}{dt^2}(\boldsymbol{r_1} - \boldsymbol{r_2}) = \left(\frac{1}{m_1} - \frac{1}{m_2}\right)\boldsymbol{F_{21}} \tag{11・29}$$

となる。ここで相対座標$\boldsymbol{r} = \boldsymbol{r_1} - \boldsymbol{r_2}$を導入し，かつ**換算質量**を

$$\frac{1}{\mu} = \frac{1}{m_1} - \frac{1}{m_2} \tag{11・30}$$

とおくと，（11・29）は

$$\mu \frac{d^2\boldsymbol{r}}{dt^2} = \boldsymbol{F_{21}} \qquad (11・31)$$

となる。つまり質点 1 の相対運動の運動方程式は，その質量m_1をμで置き換えた質点に，力$\boldsymbol{F_{21}}$が働く場合と同じ形である．（11・31）を 2 体問題に等価な 1 体問題の式という。

散乱問題の応用例として，**2 体散乱**を取り上げる。今，電荷q_1，質量m_1の質点が，電荷q_2，質量m_2の質点のつくる電場の中で行なう運動を考えよう。特に$m_2 \gg m_1$の場合を考えるとすると，$\mu \approx m_1$となる。明らかに質点 1 の軌道は，質点 2 からの距離に依存する。

原子物理学においては，個々の荷電粒子の散乱される様子をみるのではなく，いろいろな方向に散乱される粒子の相対的な数を統計的に扱うことが多い。また，それを論ずるのに微分断面積とよばれる量が用いられる。同じ運動エネルギーの多数の粒子からなるビームを，初速度$\boldsymbol{v}$で左から入射することを考えよう。ビームの半径をRとし，ビームの中心と標的の中心がx軸上にあるとしよう。**衝突パラメータ**bを，入射軌道とそれに平行な標的を通る直線との間の距離と定義する。ビーム粒子が標的に近づくとその向きが変えられるが，散乱粒子の数は標的から十分離れた検出器で数えられるとする。散乱粒子の最終の速度は$\boldsymbol{v}'$で，$\boldsymbol{v}$と$\boldsymbol{v}'$のなす角度を散乱角θという。散乱は弾性的であり，標的はビーム粒子よりも十分に重く固定されていると考える。bのθ依存性を表す関数形は，ビーム粒子に働く力に依存する。ここでΔNを単位時間にθと方位角ϕを中心とする立体角$d\Omega = sin\theta d\theta d\phi$に散乱されるビーム粒子数，$I$を単位時間に単位面積を通って飛来するビーム粒子数（これを入射強度ともいう）とする。このとき**微分断面積**$\sigma(\theta,\phi)$を，以下で定義する。

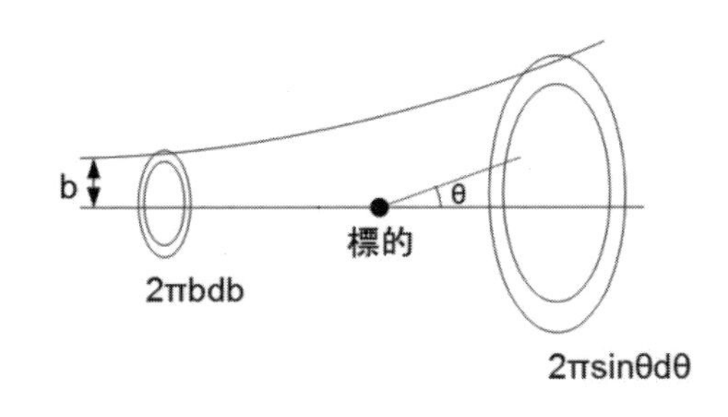

$$\sigma(\theta,\phi)d\Omega = \frac{\Delta N}{I} \qquad (11・32)$$

この式からわかるように，具体的にビームを飛ばして右辺をカウントすることで，左辺の微分断面積を求めることができる。なおビーム粒子は軸の中心とした対称性が成立していなければならないので，実際にはϕ依存はない。そのためϕ方向に積分した値$\sigma(\theta)$の振る舞いが興味の対象となるが，その詳細は省く。

11.2節　アニメーションと3体問題

これまでGUI機能，イベント処理，グラフィックス機能について述べてきたが，本章ではいよいよアニメーションの説明をする。アニメーションができるようになると，これまで数値データとして出力していた答えが，動きのある楽しいものとなる。若干難しくなるが，是非マスターしてほしい。

11.2.1　スレッドとアニメーション

Javaでは全ての処理はイベントによって呼び出されるが，メソッド実行中は何か別の操作をしてもイベントは発生しない。これは実行中のメソッドが終了して初めて次のイベントが認識されるようになるので，同時に複数のメソッドを平行して実行することはできないからである。もちろん今まで作成してきたような単純なプログラムでは，それで十分であった。

しかし場合によっては，何かをしながら別の作業を行なうことが必要となる。例えばアニメーションを動かしながら，ボタンをクリックしてアニメーションの動きを変えるなどの場合などがこれに該当する。普通に作業を行えて，かつアニメーションが動いているようにするには，アニメーションを動かすメソッドが常に動いていながら，同時にユーザの操作などに対応したイベント処理が機能している必要がある。このような場合に用いるのが，スレッドというものである。

糸という意味をもつ**スレッド**は，プログラムの内部で実行される処理の最小単位である。Javaでプログラムがスタートすると，まず１つのスレッド（メインスレッドという）が生成され，その中でプログラムが実行される。この中で全ての処理は行なわれ，全処理が終了するとスレッドは終了する。メインスレッドで実行している状態で新しいスレッドを作成してスタートすれば，２つのスレッドの中でそれぞれメソッドが実行される。このようにして同時に複数処理をおこなうことが可能となるのである。

スレッドは **Thread** というクラスとして用意されているため，スレッドの機能を使いたければこの Thread クラスを継承したクラスを作成すればよい。ただし多くの場合，このような作り方をしない。なぜならスレッドが必要となるのは，何かのクラスを継承したクラス内でのことが多いからである。先に述べたように Java では継承は常に１つのクラスだけしかできないという決まりになっているので，それと同時に Thread を継承させることはできない。こうした場合のために **Runnable** というクラスが用意されており，多くの場合これを利用してスレッド処理をおこなう。

本書でも Runnable を利用して，アニメーションをおこなう。次の例題は，ボタンをクリックするとランダムに円が動き回るアニメーションである。ボタンをクリックするとランダムな方向に円が動きだすが，動いている最中にボタンをクリックすれば,動く向きがランダムに変わる。常に円が動いていながら，同時にボタンをクリックした時のイベント機能が働いていることがわかるであろう。

［対話１１－１］(Anime1.java)

ボタンをクリックすると, 円が動き回るアニメーションを実現するプログラムを作成せよ。

```
import java.awt.*;
import java.awt.event.*;
public class Anime1 extends Frame implements ActionListener,Runnable {
        MyCanvas c1;
        Button b1;
        Thread t1;
        int lastX,lastY,moveX,moveY;
        public Anime1() {
                super();
                setTitle("New Window");
                setSize(600,450);
```

```
                setLayout(null);
                c1 = new MyCanvas();
                c1.setBounds(50,50,450,350);
                this.add(c1);
                b1 = new Button("GO");
                b1.setBounds(25,400,100,25);
                b1.addActionListener(this);
                this.add(b1);
        }
        public static void main (String args []) {
                new Anime1().setVisible(true);
        }
        public void actionPerformed(ActionEvent ev) {
                if (ev.getSource() == b1) {
                        moveX = (int)(Math.random() * 21 - 11);
                        moveY = (int)(Math.random() * 21 - 11);
                        if (t1 == null){
                                t1 = new Thread(this);
                                t1.start();
                        }
                }
        }
        public void run(){
                try {
                        lastX = 0;
                        lastY = 0;
                        while(true){
                                if (lastX + moveX < 0 || lastX + moveX
                                >c1.getWidth()){
                                        moveX *= -1;
```

```
                                }
                                if (lastY + moveY < 0 || lastY + moveY
                                >c1.getHeight()){
                                        moveY *= -1;
                                }
                                lastX += moveX;
                                lastY += moveY;
                                c1.repaint();
                                t1.sleep(100);
                        }
                } catch(Exception e){
                        System.out.println(e);
                }
        }
        class MyCanvas extends Canvas{
                public void paint(Graphics g){
                        g.setColor(Color.blue);
                        g.fillOval(lastX - 10,lastY - 10,20,20);
                }
        }
}
```

プログラムに関する説明

- まず 3 行目のクラスの定義部分から見てみよう。この部分をみると，implements で ActionListener と Runnable の 2 つが実装されていることがわかる。
- 6 行目の Thread がスレッドのクラスである。スレッドを使用するために，スレッドクラス型のインスタンス t1 を用意している。
- 実際にスレッドを作成しスタートしているのは，24 行目のボタンをクリックした時の処理を行なう actionPerformed メソッドである。その中身を見てみよう。

・29 行目にあるように，Thread インスタンスは他のクラスと同様に new で作成する。このときパラメータに，そのスレッドで実行するインスタンスを設定する必要がある。ここでは「このインスタンス」を意味する this を指定する。

・こうして作成されたインスタンスの「start」を，30 行目で呼び出している。結局 28 行目～31 行目の部分は，もしスレッドが動いていなければ（if(t1 == null)），新しいスレッドを作り（t1 = new Thread(this);），開始せよ（t1.start();）という意味になる。

・次に 34 行目について説明する。スレッド内で実行できるクラスは，その内部に「run」というメソッドを持っている必要がある。Thread インスタンスを作成し start すると，Java はスレッドに設定されたインスタンス内の run メソッドを実行するようになっている。そのため，この run メソッド内にスレッドで実行する処理を書いておけば，それがメインスレッドと平行して実行されるようになる。

・35 行目の **try** は，以下のように使う。

```
try {
    何らかの処理
} catch（例外）{
    何らかの処理
}
```

・47 行目で MyCanvas（c1）を repaint している。その後，48 行目で一定時間スレッドの処理を停止している。その際のパラメータにはミリ秒（1000 分の１秒）の値が入る。今の場合は sleep(100) なので，0.1 秒停止することになるが，これでスピードの調整を行なっている。

11.2.2　3 体問題

第 10 章で考えたような，互いに引力を及ぼしあっている２つの物体は楕円，放物線，双曲線のうちのいずれかの軌道になることがわかっている。
ところが 3 つの天体間の運動方程式（これを **3 体問題**という）を解こうと思っても，うまくいかない。現在では 2 体問題は可積分であるのに対し 3 体問題は非可積分，つまり 3 体問題を積分法で解くことは不可能であることがわかっている。しかし解析的には解けない 3 体問題も，数値的に解くことは可能である。

［対話１１－２］(Three.java)

2 次元平面上における 3 体問題を，アニメーション表示せよ。

```
import java.awt.*;
import java.awt.event.*;
public class Three extends Frame implements ActionListener,Runnable {
        MyCanvas c1;
        Button b1;
        Thread t1;
        double[] x =new double[400];
        double[] x0=new double[400];
        double[] f =new double[400];
        int i,j,ix1,iy1,ix2,iy2,ix3,iy3;
        double dt=0.05;
        public Three() {
                super();
                setTitle("New Window");
                setSize(700,700);
                setLayout(null);
                c1 = new MyCanvas();
                c1.setBounds(25,25,600,600);
                this.add(c1);
                b1 = new Button("GO");
                b1.setBounds(25,650,100,25);
```

```
            b1.addActionListener(this);
            this.add(b1);
    }
    public static void main (String args []) {
            new Three().setVisible(true);
    }
    public void actionPerformed(ActionEvent ev) {
            if (ev.getSource() == b1) {
                    if (t1 == null){
                            t1 = new Thread(this);
                            t1.start();
                    }
            }
    }
    public void run(){
            x0[0]= 0.0;     x0[1]= 0.0;   x0[2]= 0.0;   x0[3]= 0.0;
            x0[4]= 100.0;   x0[5]= 0.0;   x0[6]= 0.0;   x0[7]= 1.0;
            x0[8]= -120.0;  x0[9]= 0.0;   x0[10]= 0.0;   x0[11]= -1.0;
            ix1 = (int) x0[0]+400;  iy1 = (int) x0[1]+400;
            ix2 = (int) x0[4]+400;  iy2 = (int) x0[5]+400;
            ix3 = (int) x0[8]+400;  iy3 = (int) x0[9]+400;

            for(j=1;j<100000;j++){
                    rk(dt,x,x0,f);
                    for(i=0;i<12;i++)
                            System.out.println(i+" "+x0[i]);
                    ix1 = (int) x0[0]+400;  iy1 = (int) x0[1]+400;
                    ix2 = (int) x0[4]+400;  iy2 = (int) x0[5]+400;
                    ix3 = (int) x0[8]+400;  iy3 = (int) x0[9]+400;
                    c1.repaint();
```

```
                    if((Math.abs(ix1-ix2)+Math.abs(iy1-iy2))<6)
                              break;
                    if((Math.abs(ix1-ix3)+Math.abs(iy1-iy3))<6)
                              break;
                    if((Math.abs(ix2-ix3)+Math.abs(iy2-iy3))<6)
                              break;
          }
}
class MyCanvas extends Canvas{
          public void paint(Graphics g){
                    g.setColor(Color.blue);
                    g.fillOval(ix1-5,iy1-5,10,10);
                    g.fillOval(ix2-5,iy2-5,10,10);
                    g.fillOval(ix3-5,iy3-5,10,10);
          }
}
public void rk(double h, double x[], double x0[], double f[]){
          int j;
          double[] k1=new double[12];
          double[] k2=new double[12];
          double[] k3=new double[12];
          double[] k4=new double[12];
          for(j=0;j<12;j++) x[j]=x0[j];
          ffunc(x,f);
          for(j=0;j<12;j++) k1[j]=f[j];
          for(j=0;j<12;j++) x[j]=x0[j]+dt*k1[j]/2.0;
          ffunc(x,f);
          for(j=0;j<12;j++) k2[j]=f[j];
          for(j=0;j<12;j++) x[j]=x0[j]+dt*k2[j]/2.0;
          ffunc(x,f);
```

```
                for(j=0;j<12;j++) k3[j]=f[j];
                for(j=0;j<12;j++) x[j]=x0[j]+dt*k3[j];
                ffunc(x,f);
                for(j=0;j<12;j++) k4[j]=f[j];
                for(j=0;j<12;j++)
                x[j]=x0[j]+dt/6.0*(k1[j]+2.0*k2[j]+2.0*k3[j]+k4[j]);
                for(j=0;j<12;j++) x0[j]=x[j];
        }
        public void ffunc(double x[], double f[]){
                double r1,r2,r12,z1,z2,ggg;
                int i,j;
                z1=1.0;     z2=1.0; ggg=-100.0;
                f[0]=0.0;
                f[1]=0.0;
                f[2]=0.0;
                f[3]=0.0;
                r1  = Math.sqrt(x[4]*x[4]+x[5]*x[5]);
                r2  = Math.sqrt(x[8]*x[8]+x[9]*x[9]);
                r12 = Math.sqrt((x[8]-x[4])*(x[8]-x[4])+(x[9]-x[5])
                                        *(x[9]-x[5]));
                f[4]=x[6];
                f[5]=x[7];
                f[6]=z1*ggg*x[4]/(r1*r1*r1)
                        +z1*z2*ggg*(x[4]-x[8])/(r12*r12*r12);
                f[7]=z1*ggg*x[5]/(r1*r1*r1)
                        +z1*z2*ggg*(x[5]-x[9])/(r12*r12*r12);
                f[8]=x[10];
                f[9]=x[11];
                f[10]=z2*ggg*x[8]/(r2*r2*r2)
                        +z1*z2*ggg*(x[8]-x[4])/(r12*r12*r12);
```

```
                    f[11]=z2*ggg*x[9]/(r2*r2*r2)
                              +z2*z2*ggg*(x[9]-x[5])/(r12*r12*r12);
          }
}
```

プログラムに関する説明

・このプログラムでは，質点1を基準にシミュレーションをおこなっている。

・88行目でggg=100としているが，正確には$gM_1 = -100$であることに注意してほしい。

第１２章　剛体の運動学

12日目

初等力学の最後の話題として，第 12～14 章は剛体について考える。本章はその最初であるので，剛体とは何かから始めたい。また剛体の自由度や，運動方程式についても考えたい。さらに数値解析の代表的な技法である数値積分についても，練習を積む。

12.1 節　剛体とその運動

12.1.1　剛体と剛体の力学

これまでは物体を質点とみなすことで，その大きさや形を無視してきた。そのため質点の力学は比較的単純で，解析的に解けることも多かった。しかし現実の物体は大きさや形があるうえ，力を加えると変形する。物体の運動を論じるためには，これらのことを考慮に入れた力学理論を構築しなければならない。

ただし物体の多くは，大きな力を加えなければわずかにしか変形しない。そのため質点の力学よりも現実的な力学理論を構築するうえで，大きさはもつものの変形を無視した物体を考えるのは妥当である。力の作用の下で変形しない物体を**剛体**と呼ぶことにする。剛体は物体を理想化したモデルであり，これから剛体に関する力学理論を考えていこう。剛体の力学は，現実の固体物質の運動を論じるには都合がよい[37]。なお物体を質点の集まり（質点系）と考えたとき，剛体は質点の相対位置が変化しない系として表すことができる。

剛体の一般的な運動を考える前に，その特殊な運動である並進運動と回転運動を考える。剛体の全ての点が同じ動きをする運動，つまり剛体が全体として平行移動するような運動を並進運動と呼ぶ。並進運動においては，剛体内の全ての点は常に同じ速度・加速度をもつので，並進運動は剛体の任意の１つの点の運動によって定まる。代表点として，剛体の重心（質量中心）[38]を取ること

---

[37] もちろん変形する物体の力学理論についても論じる必要があるが，これは第 4 日でも述べたように弾性体力学で取り扱われる。

[38] 剛体の力学では質量中心の代わりに重心を使うことが多いが，本書でもそのようにする。

が多い。一方回転運動は，直線まわりの回転と点まわりの回転の２つの典型的な運動があるように思える。ここで直線周りの回転とは，剛体の全ての点が同じ１つの直線まわりに円運動をおこなう場合をいい，点周りの回転とは剛体内の１点の変位が常に０であるような運動をいう。しかし証明は省くが**オイラーの定理**，つまり

点まわりの回転は，その点を通り１つの直線周りの回転と同等である。

が成立するので，２つの回転運動に本質的な差はない。結局回転運動というのは，場所を変えずにその場で自転するような運動を言うのである。

ここで述べた並進運動と回転運動は，剛体の基本的な運動である。剛体は大きさをもつので，質点の運動では考えてこなかった姿勢の変化なども取り扱われることになる。回転運動はその特徴的な例である。ただし剛体については，以下の重要な性質が成立することがわかっている。

剛体の任意の運動は，並進運動と回転運動の合成で表現することができる。またこの二つの運動を，別々に計算することができる。

これが成立することを，剛体が平面運動する場合について示してみよう。

12.1.2　剛体の平面運動

剛体内の全ての点が１つの固定した平面に平行に運動する場合を，**剛体の平面運動**という。平面運動においては，その平面に平行な剛体の断面の運動を考えれば，十分である。平面運動の場合の剛体の自由度を調べよう。直観的にもわかるように，剛体の運動が平面上に束縛されているならば，並進の２自由度，回転の１自由度が存在するはずである。つまり剛体の平面運動の自由度は３となる。

このことを念頭において，さらに詳しく平面運動をする剛体を考えてみよう。剛体の中に線分ABを埋め込んだとすると，剛体の運動は線分ABで代表するこ

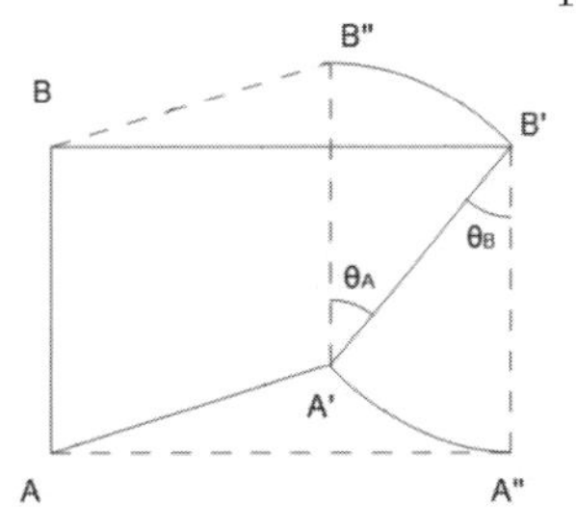

とができる。剛体が運動して，線分ABが図のように$A'B'$に変位したとすると，この変位はABを$A'B''$に移動させる並進変位と，A'を中心とする回転角θ_Aの回転変位との合成変位と考えることができる。これからわかるように，平面運動の場合は並進運動と回転運動の和として表現できる[39]。

剛体が連続的に運動しているときは，微小な変位が引きつづいて行なわれると考えられるから，最初と最後との間の変位についてばかりでなく，その途中の微小な変位についても上のことが成り立つ。これにより速度，加速度についても同じことがいえる。

剛体の任意の点の速度（加速度）は，並進運動の速度（加速度）と回転による速度（加速度）との合速度（合加速度）と考えることができる。

また線分ABから$A'B'$への変位は，ABを$A''B'$に移動させる並進変位とB'を中心とする回転角θ_Bの回転変位との合成変位，とも考えることができる。さらに図から明らかなように，2 つの回転角θ_Aとθ_Bは，その向きをも含めて$\theta_A = \theta_B$である。そしてA，Bは任意に選んだ点であるから，以下のことが言える。

剛体が回転する場合，どの点を回転の中心とみても回転角・角速度・角加速度は互いに等しい

12.1.3　剛体の自由度と運動方程式

先に剛体の平面運動の自由度は 3 であることを説明した。それでは剛体の空間運動の自由度はいくつであろうか。剛体をN個の質点から成り立っていると

39 この性質は平面運動だけでなく，3 次元的な空間運動においても成立することがわかっている。

みると，その自由度は$3N$のはずである。しかし剛体については，束縛条件というものを考えなければならない。一般に物体はあらゆる値の位置，速度，加速度をとることが可能であるが，何らかの制限を受けてこれらが取ることができる値が制限される場合がある。このときの物体の運動を束縛運動ということは第5章で述べたが，その束縛運動を決める条件を束縛条件と呼ぶ。剛体の運動を論じるときには，束縛条件が重要になる場合が多い。例として2つの円盤（剛体）が，滑らずに回転する場合を考えよう。この時，滑らないように転がるという非滑り条件が，束縛条件となるのである。

自由度の数を調べる場合についても，束縛条件を考慮に入れる必要がある。剛体の形が変わらないとは剛体内の各質点間の距離が不変であることと同義であるから，${}_NC_2 = \frac{N(N-1)}{2}$個の束縛条件が入るように思える。ただしこの条件が全て独立であるわけではない。実際の剛体は，3点を固定すると剛体全体が固定されてしまう。つまりN個の質点のうち3個が決まると，残りの$(N-3)$個の位置はきまってしまう。以上より${}_{N-3}C_2 = \frac{(N-3)(N-4)}{2}$個は自動的に決まってしまうので，束縛条件には数えられない。結局独立な束縛条件の数は

$$ {}_NC_2 - {}_{N-3}C_2 = 3\mathrm{N} - 6 \qquad (12・1)$$

となる。従って最終的な剛体の自由度は

$$ 3N - (3N - 6) = 6 \qquad (12・2)$$

となる。

このことを念頭において，剛体の空間運動を考えよう。まず，剛体をN個の質点のかたまりとみなす。i番目の粒子に（自分以外の他の粒子から）働く内力を$\boldsymbol{f_i}$，外力を$\boldsymbol{F_i}$とすると，i番目の粒子の運動方程式は

$$ m_i \frac{d\boldsymbol{r_i}^2}{dt^2} = \boldsymbol{f_i} + \boldsymbol{F_i} \qquad (12・3)$$

となる。剛体を構成する粒子は$i = 1 \sim N$のN個存在しているので，剛体全体でみると剛体の運動方程式は$3N$個存在するはずである。しかし先に述べた理由，つまり剛体の空間運動が重心の並進運動（自由度3）と重心周りの回転運動（自由度3）の2つの合成で表現されることを思い出してほしい。つまり剛体の運動方程式は2つ（自由度6）になる。

重心の並進運動は，基本的には質点の運動と同じである。そのことは既に直

観的な先の議論で述べたが，数式で再度確認しよう。（12・3）は剛体を形成する個々の質点について成立するので，これをすべての質点について足してみよう。すると

$$\sum m_i \frac{d\boldsymbol{r_i}^2}{dt^2} = \sum \boldsymbol{f_i} + \sum \boldsymbol{F_i} = \sum \boldsymbol{F_i} \qquad (12 \cdot 4)$$

となる。なぜなら作用・反作用の法則により，内力の和は 0 となるからである。

重心の定義式

$$\boldsymbol{r_G} = \frac{\sum m_i \boldsymbol{r_i}}{M} \qquad M = \sum m_i \qquad \boldsymbol{F} = \sum \boldsymbol{F_i} \qquad (12 \cdot 5)$$

を利用して上式を書き換えると，

$$M \frac{d^2 \boldsymbol{r_G}}{dt^2} = \boldsymbol{F} \qquad (12 \cdot 6)$$

となる。つまり以下が言える。

> 剛体の並進運動は，重心の位置に置かれた質点(質量は剛体の全質量に等しい)の運動と同じである。

もう一つの回転運動に関する運動方程式は，どのようなものになるのであろうか。（8・6）で，角運動量と力のモーメントとの関係を述べた。

$$\frac{d\boldsymbol{L_i}}{dt} = \boldsymbol{N_i} \qquad (12 \cdot 7)$$

この式は剛体を構成するすべての質点について成立しているので，その和を取ると

$$\sum \frac{d\boldsymbol{L_i}}{dt} = \sum \boldsymbol{N_i} \qquad (12 \cdot 8)$$

ここで，以下のような質点全体の角運動量・力のモーメントを導入する。

$$\boldsymbol{L} = \sum \boldsymbol{r_i} \times m_i \frac{d\boldsymbol{r_i}}{dt} \qquad \boldsymbol{N} = \sum \boldsymbol{r_i} \times \boldsymbol{F_i} \qquad (12 \cdot 9)$$

すると（12・8）は以下のようになる。

$$\frac{d\boldsymbol{L}}{dt} = \boldsymbol{N} \qquad (12 \cdot 10)$$

ただし(12・10)は，原点回りの角運動量・力のモーメントに関する関係式である。ところが（12・10）は重心回りの角運動量・力のモーメントに変えても成立する。つまり$\boldsymbol{\rho_i}$を i 番目の粒子の重心からの位置ベクトル，添え字 G を重心を表す記号とすると，

$$\boldsymbol{r_i} = \boldsymbol{r_G} + \boldsymbol{\rho_i} \tag{12・11}$$

$$\frac{d\boldsymbol{L_G}}{dt} = \boldsymbol{N_G} \tag{12・12}$$

$$\boldsymbol{L_G} = \sum \boldsymbol{\rho_i} \times m_i \frac{d\boldsymbol{\rho_i}}{dt} \qquad \boldsymbol{N_G} = \sum \boldsymbol{\rho_i} \times \boldsymbol{F_i} \tag{12・13}$$

となる。この事実はとても大切なので，証明しておく。まず（12・11）を（12・9）の第1式に代入して

$$\boldsymbol{L} = \sum(\boldsymbol{r_G} + \boldsymbol{\rho_i}) \times m_i \frac{d(\boldsymbol{r_G}+\boldsymbol{\rho_i})}{dt}$$

$$= \sum\left(\boldsymbol{r_G} \times m_i \frac{d\boldsymbol{r_G}}{dt} + \boldsymbol{r_G} \times m_i \frac{d\boldsymbol{\rho_i}}{dt} + \boldsymbol{\rho_i} \times m_i \frac{d\boldsymbol{r_G}}{dt} + \boldsymbol{\rho_i} \times m_i \frac{d\boldsymbol{\rho_i}}{dt}\right)$$

$$= \boldsymbol{r_G} \times M \frac{d\boldsymbol{r_G}}{dt} + \boldsymbol{r_G} \times \sum m_i \frac{d\boldsymbol{\rho_i}}{dt} + \sum \boldsymbol{\rho_i} m_i \times \frac{d\boldsymbol{r_G}}{dt} + \sum\left(\boldsymbol{\rho_i} \times m_i \frac{d\boldsymbol{\rho_i}}{dt}\right)$$

ここで重心の性質より，$\sum m_i \boldsymbol{\rho_i} = 0$および$\sum m_i \frac{d\boldsymbol{\rho_i}}{dt} = 0$であるので，上式は以下のようになる。

$$\boldsymbol{L} = \boldsymbol{r_G} \times M \frac{d\boldsymbol{r_G}}{dt} + \sum\left(\boldsymbol{\rho_i} \times m_i \frac{d\boldsymbol{\rho_i}}{dt}\right) \tag{12・14}$$

一方で力のモーメントを同じように変形すると

$$\boldsymbol{N} = \sum(\boldsymbol{r_G} + \boldsymbol{\rho_i}) \times \boldsymbol{F_i} = \sum(\boldsymbol{r_G} \times \boldsymbol{F_i} + \boldsymbol{\rho_i} \times \boldsymbol{F_i})$$

$$= \boldsymbol{r_G} \times \boldsymbol{F} + \sum(\boldsymbol{\rho_i} \times \boldsymbol{F_i}) \tag{12・15}$$

となる。これを（12・10）に代入して

$$\boldsymbol{r_G} \times M \frac{d^2\boldsymbol{r_G}}{dt^2} + \sum\left(\boldsymbol{\rho_i} \times m_i \frac{d^2\boldsymbol{\rho_i}}{dt^2}\right) = \boldsymbol{r_G} \times \boldsymbol{F} + \sum(\boldsymbol{\rho_i} \times \boldsymbol{F_i}) \tag{12・16}$$

左辺第 1 項と右辺第1項は同じであるので，

$$\sum\left(\boldsymbol{\rho_i} \times m_i \frac{d^2\boldsymbol{\rho_i}}{dt^2}\right) = \sum(\boldsymbol{\rho_i} \times \boldsymbol{F_i}) \tag{12・17}$$

$\boldsymbol{L_G}$および$\boldsymbol{N_G}$を（12・13）のように定義したので，（12・12）が成立することが示せた。

12.1.4　剛体のつりあい

最後に剛体のつりあいの条件について考える。静止する剛体にいくつかの外力が働いても，以下の条件

$$\boldsymbol{F} = \boldsymbol{0} \qquad \boldsymbol{N} = \boldsymbol{0} \tag{12・18}$$

を満たす限り，剛体は静止したままである。その理由は(12･6)および(12･12)（または(12.9)）を見れば，明らかであろう。具体例として，剛体の３点Ａ, Ｂ, Ｃに力が働いた場合を考える。このときのつりあいの条件は，$\boldsymbol{F} = \boldsymbol{0}$から**ラミの定理**が成立することである。

$$\frac{F_1}{sin\theta_1} = \frac{F_2}{sin\theta_2} = \frac{F_3}{sin\theta_3} \qquad (12 \cdot 19)$$

さらに$\boldsymbol{N} = \boldsymbol{0}$から，働いた３力の延長が１点で交わることがつりあいの条件である。なぜこのようなことが言えるのかの説明は省くが，読者はその理由を是非考えてみてほしい。

12.2節　数値積分と重心

ここでは重心に関する事柄を中心に，コンピュータと対話してみよう。重心を求めるためには数値積分をおこなう必要があるので，定積分の値を数値的に求める**数値積分**に関する解説から始めよう。定積分は面積に相当するので，数値積分の本質はいかにして面積を正確に求めるかである。

12.2.1　数値積分と台形則

数値積分の最もやさしい技法は，台形則を利用することである。ある関数$f(x)$が与えられたとき，それをaからbまで積分した値を求めることを考える。この時$f(a)$から$f(b)$に直線を引き，$f(x)$の複雑な形を直線近似することにしよう。この場合は台形になるため，その面積を台形公式を利用して求めることは簡単である。

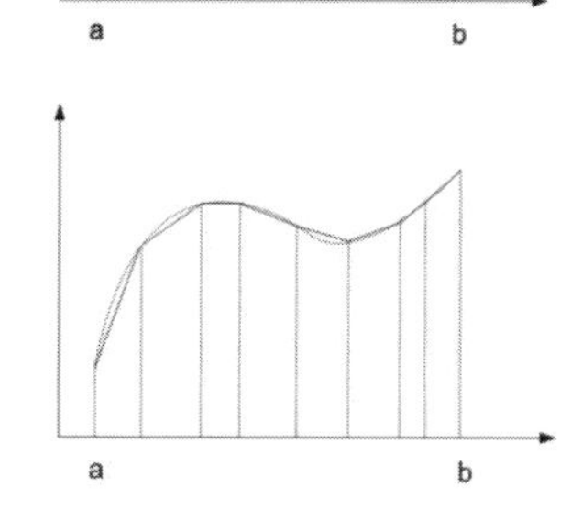

もちろんこれでは誤差が大きすぎる。そのために，まず積分区間$[a, b]$をより小さいn個の部分区間に分けることをおこなう。

そしてそれぞれの区間で台形公式を用いて面積を求めると，その和はより正確な面積の値に近づくであろう。これが台形則とよばれる数値積分の方法である。

台形則の場合は，区間の幅が一定hになるようにとると都合がよい。

$$h = (b-a)/n \qquad (12・20)$$

図のように$x_i (i = 0 \sim n)$を導入すると，各々の台形の面積は

$$S_i = h(f(x_i) + f(x_{i+1}))/2 \qquad (12・21)$$

となる。これを$i = 1 \sim n$まで加えていくのだが，明らかに$f(x_1) \sim f(x_{n-1})$までは２回，$f(x_0)$および$f(x_n)$のみ１回出てくる。これを考えに入れると

$$\int_a^b f(x) = h\left\{\frac{1}{2}f(x_0) + f(x_1) + \cdots + f(x_{n-1}) + \frac{1}{2}f(x_n)\right\} \qquad (12・22)$$

となる。これが**台形則**の最終的な結果となる。

［対話１２－１］(Trapezoid.java)

以下の積分値を，台形則を用いて求めよ。

$$\int_0^1 \sqrt{1-x^2}\, dx$$

```
public class Trapezoid {
        public static void main(String[] args) {
                double a=0.0, b=1.0;
                double h,s,x,sum=0.0;
                int n=100, k;

                h=(b-a)/n;
                x=a;s=0;
                for (k=1;k<=n-1;k++) {
                        x=x+h;
                        s=s+f(x);
```

```
                    }
                    sum=h*((f(a)+f(b))/2+s);
                    System.out.println(sum+ ", "+ 4.0*sum);
          }
          public static double f(double x) {
                    return Math.sqrt(1-x*x);
     }
}
```

プログラムに関する説明

・プログラムからわかるように，$f(x_1)$～$f(x_{n-1})$の値を足して s とし，その値に$f(x_0)/2$および$f(x_n)/2$の値を加えている。これは台形則の公式通りである。

・与えられた積分の積分値は，半径１の円の面積の 1/4 になることはすぐにわかるであろう。そのため 4 倍した値も表示しているが，これが円周率にかなり近い値になっていることを確かめてほしい。

12.2.2　数値積分とシンプソン則

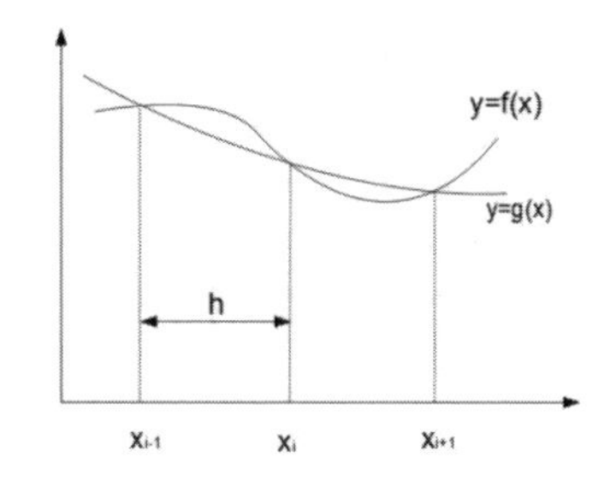

台形則は極めてシンプルな方法であるので，精度の点で問題となることが多い。そのためもう少し実用的な数値積分の技法である**シンプソン則**について，簡単に説明する。シンプソン則の本質は，３つの区分点を通る２次曲線を考え，それで元の関数を近似して数値積分をおこなう方法である。右図を参考にして述べると，積分区間$[a,b]$をより小さいn個の部分区間に分ける。ただしnは偶数としておく。隣り合った３つの区分点に注目し，それらを通る２次関数を考える。一般に与えられたn個の点を通る関数は，$(n-1)$次関数で作ることができる。ここでは３点が与えられているので，２次関数で 3 点を通る曲線を作れる。元の関数を$f(x)$，与えられた３点$(x_{i-1},f(x_{i-1})),(x_i,f(x_i)),(x_{i+1},f(x_{i+1}))$を通る関数を$g(x)$とすると，$g(x)$は以下

の形になることが知られている[40]。

$$g(x)=\frac{(x-x_i)(x-x_{i+1})}{(x_{i-1}-x_i)(x_{i-1}-x_{i+1})}f(x_{i-1})+\frac{(x-x_{i-1})(x-x_{i+1})}{(x_i-x_{i-1})(x_i-x_{i+1})}f(x_i)$$

$$+\frac{(x-x_{i-1})(x-x_{i+1})}{(x_{i+1}-x_{i-1})(x_{i+1}-x_i)}f(x_{i+1}) \quad (12・23)$$

これを$[x_{i-1},x_{i+1}]$の区間で積分すると，以下のようなシンプルな形となる。

$$\int_{x_{i-1}}^{x_{i+1}} g(x)=\frac{h}{3}\{f(x_{i-1})+4f(x_i)+f(x_{i+1})\} \quad (12・24)$$

ただしhは区間幅である。（13・24）はあくまでも$g(x)$に関する積分であるが，これを$f(x)$に関する積分と見なすのである。

$$\int_{x_{i-1}}^{x_{i+1}} f(x)=\frac{h}{3}\{f(x_{i-1})+4f(x_i)+f(x_{i+1})\} \quad (12・25)$$

これで$[x_{i-1},x_{i+1}]$の区間の積分は終わったが，他の区間についても同様の形になる。そのためすべての区間，つまり$[x_0,x_2]$，$[x_2,x_4]$，…，$[x_{n-2},x_n]$について加え合わせることができる。

$$\int_a^b f(x)=\frac{h}{3}\{f(x_0)+4f(x_1)+2f(x_2)+4f(x_3)+2f(x_4)+$$
$$\cdots+2f(x_{n-2})+4f(x_{n-1})+f(x_n)\} \quad (12・26)$$

この公式をみると両端の係数は 1，奇数番の係数は 4，偶数番の係数は 2 というシンプルな形をしていることがわかる。

［対話１２－２］(Simpson.java)

先と同じ形の以下の積分値を，シンプソン則を用いて求めよ。

$$\int_0^1\sqrt{1-x^2}dx$$

```
public class Simpson {
        public static void main(String[] args) {
                double a=0.0, b=1.0;
            double h, fo=0.0, fe=0.0, sum=0.0;
                int n=50, k;
```

[40] これはラグランジュの補間多項式と呼ばれるものである。

```
                h=(b-a)/(2*n);
                for (k=1;k<=2*n-3;k=k+2) {
                        fo=fo+f(a+h*k);
                        fe=fe+f(a+h*(k+1));
                }
                sum=(f(a)+f(b)+4*(fo+f(b-h))+2*fe)*h/3;

                System.out.println(""+sum+ ", "+ 4.0*sum);
        }
        public static double f(double x) {
                return Math.sqrt(1-x*x);
    }
}
```

プログラムに関する説明

・n=50 としているが，これは分割数が 2n=100 になるようにしているためである。これで先の台形則と同じ分割数になっている。

・プログラムからわかるように，$f(x_1)$ ～$f(x_{n-1})$のうち奇数部分の総和を fo，偶数部分の総和を fe としている。

・積分値の４倍（つまり円周率）をみると，同じ分割数にも拘わらず台形則よりシンプソン則のほうが精度がよいことがわかる。

12.2.3　重心を求める

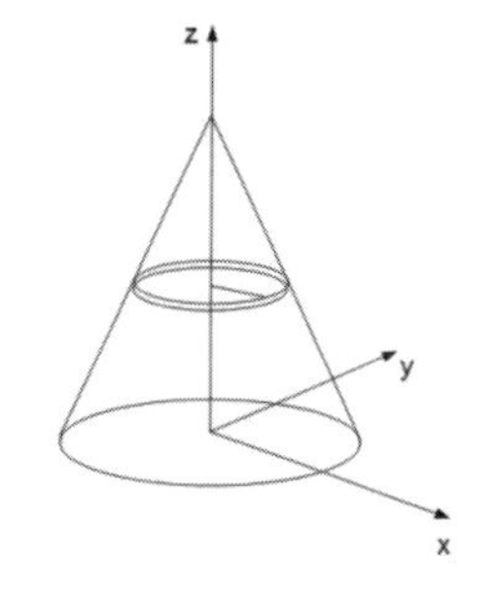

数値積分の手法を利用して，底面の半径 a ，高さbの円錐の重心の位置を求める。円錐の頂点と底面の中心の垂線をz軸，それに直交するようにx軸およびy軸を設定すると，重心がz軸上にあることは対称性から明らかである。このことを考慮に入れて，重心の位置を求めよう。

まず円錐の微小体積要素として，薄い円盤状の部分$dV = \pi x^2 dz$を設定する。

三角形の相似の関係より$a:x=b:b-z$が成立するので，$x=\frac{a(b-z)}{b}$となる。これを使えば，$dV=\pi\left(\frac{a(b-z)}{b}\right)^2dz=\frac{\pi a^2}{b^2}(b^2-2bz+z^2)dz$

と書ける。以上より，重心位置を求める計算は次のようになる。

$$r_c=\int_0^b z(b^2-2bz+z^2)dz \,/ \int_0^b (b^2-2bz+z^2)dz \quad (12・27)$$

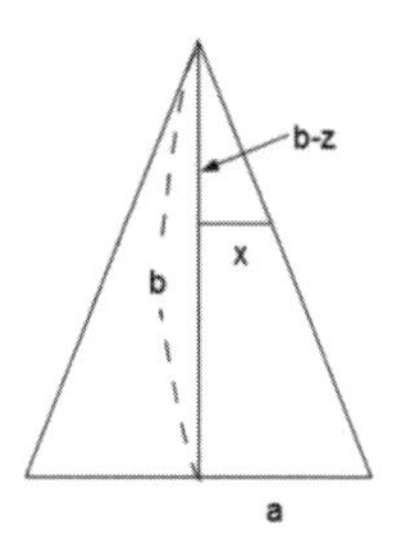

［対話１２－３］(Center.java)

$b=1$の時の円錐の重心位置を求めよ。

```
public class Center {
        public static void main(String[] args) {
                double bmin=0.0, bmax=1.0;
                double h, fo=0.0, fe=0.0, sumu=0.0, sumd=0.0;
                int n=100, k;
                h=(bmax-bmin)/(2*n);
                for (k=1;k<=2*n-3;k=k+2) {
                        fo=fo+fu(bmin+h*k);
                        fe=fe+fu(bmin+h*(k+1));
                }
                sumu=(fu(bmin)+fu(bmax)+4.0*(fo+fu(bmax-h))+2.0*fe)*h/3.0;
                fo=0.0;
                fe=0.0;
                for (k=1;k<=2*n-3;k=k+2) {
                        fo=fo+fd(bmin+h*k);
                        fe=fe+fd(bmin+h*(k+1));
                }
                sumd=(fd(bmin)+fd(bmax)+4.0*(fo+fd(bmax-h))+2.0*fe)*h/3.0;
                System.out.println(sumu/sumd);
```

```
        }
        public static double fu(double x) {
                return x*(1.0-2.0*x+x*x);
        }
        public static double fd(double x) {
                return (1.0-2.0*x+x*x);
        }
}
```

プログラムに関する説明

・(12・27) は積分できて，$\frac{1}{4}$bとなる。つまり円錐の重心は底面の中心から測って，高さの四分の一の場所にあることになる。

12.2.4　剛体の平面運動とサイクロイド

最後に，剛体の平面運動の様子を見てみよう。水平な床の上を転がる剛体円盤の１点は**サイクロイド曲線**を描くが，この様子を計算してみよう。

［対話１２－４］(Cycloid.java)

半径$r = 0.5$の円が，１つの直線の上を滑らずに転がる場合，円上のある点の位置と速度の時間変化を計算せよ。ただし円の角速度を$\omega = 2.0$とする。

```
public class Cycloid {
        public static void main(String[] args) {
                int i;
                double omega=2.0;
                double r=0.5;
                double v=r*omega;
                double c=0.0;
                double t=0.0;
                double px=0.0, pxold, pxt;
```

```
                double py=2.0*r, pyold, pyt;
                double dt=0.05;
                double vpx,vpy,theta,vpxt,vpyt;
                for(i=1;i<100;i++){
                        t=t+dt;
                        c=v*t;
                        pxold=px;
                        pyold=py;
                        px=c+r*Math.cos(Math.PI/2.0-omega*t);
                        py=r+r*Math.sin(Math.PI/2.0-omega*t);
                        vpx=(px-pxold)/dt;
                        vpy=(py-pyold)/dt;
                        theta=omega*t;
                        pxt=r*(theta-Math.sin(theta+Math.PI));
                        pyt=r*(1.0-Math.cos(theta+Math.PI));
                        vpxt=r*omega*(1.0-Math.cos(theta+Math.PI));
                        vpyt=r*omega*Math.sin(theta+Math.PI);
                        System.out.println(px+" , "+py);
                }
        }
}
```

プログラムに関する説明

・出力しているのは注目点の座標値(x, y)の時間変化であるが，これをグラフ化するとサイクロイド曲線を得る。

第１３章　固定軸回りの運動

13 日目

前章でも述べたように，剛体の運動は並進運動と回転運動の組み合わせとして表現される。並進運動の本質は質点の力学と同じであるが，回転運動はそうではない。そのため本章では回転運動において中心的役割を果たす慣性モーメントについて学習し,それを利用して固定軸回りの運動について考察を進める。またダランベールの原理の際に触れた仮想仕事の原理についても，簡単に紹介する。さらにこれまでの知識を利用して，コンピュータを用いて様々な剛体の運動を調べてみよう。

13.1 節　剛体と慣性モーメント

13.1.1　固定軸回りの運動と慣性モーメント

これから剛体の回転運動について考えを進める。そのため，剛体をある固定軸の周りに角速度ωで回転させることを考える。固定軸をz軸にとり，軸上の１点を原点とする座標系を採用する。剛体を多数の質点に分け，その中のある質点P_i（質量m_i，位置ベクトル$\boldsymbol{r_i}$）から z 軸に向かって垂線をおろしz軸との交点をQ_iとする。またベクトル$\boldsymbol{Q_i P_i}$を$\boldsymbol{\rho_i}$と書くことにしよう。質点P_iの速度はQ_i回り回転速度であるので, 角速度を利用して表現できる。第 3 章で説明したように，円運動において, 動径ベクトルが 1 秒間に回転する角度を角速度と呼ぶ。角速度 ω は回転の速さを表す量であり，(3・24) で示したように,

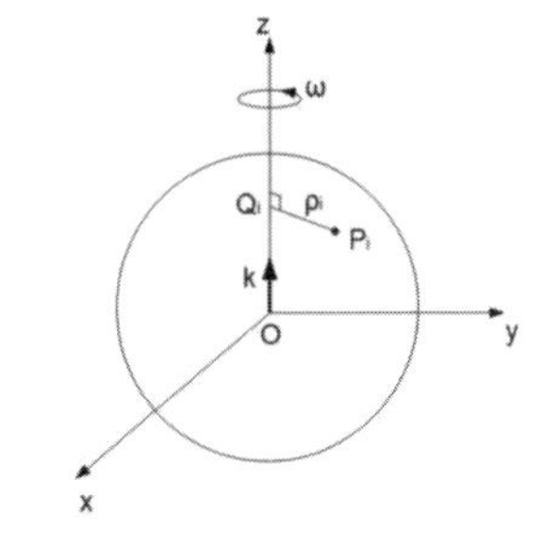

$$\omega = \frac{d\theta}{dt} \tag{13・1}$$

と書ける。一方でdtの時間内に質点P_iが動く距離は$\rho_i d\theta$であるので，質点P_iの速さは$\rho_i\omega$である。方向まで考えると，質点P_iの速度$\boldsymbol{v_i}$はz軸方向の単位ベクトルを$\boldsymbol{k}$として以下のように表現できる。

$$\boldsymbol{v_i} = \boldsymbol{k} \times \boldsymbol{\rho_i}\omega \tag{13・2}$$

このとき質点P_iに働く力を$\boldsymbol{F_i}$とすると，ニュートンの運動方程式は

$$m_i \frac{d}{dt}(\boldsymbol{k} \times \boldsymbol{\rho_i}\omega) = \boldsymbol{F_i} \qquad (13・3)$$

となる。両辺に$\boldsymbol{\rho_i}$をベクトル的に左からかけると

$$\boldsymbol{\rho_i} \times m_i \frac{d}{dt}(\boldsymbol{k} \times \boldsymbol{\rho_i}\omega) = \boldsymbol{\rho_i} \times \boldsymbol{F_i} \qquad (13・4)$$

となる。この式の左辺を変形するために，（13・2）を再度考える。図から明らかに$\boldsymbol{r_i} = \boldsymbol{OQ_i} + \boldsymbol{\rho_i}$であるが，これを（13・2）に代入すると$\boldsymbol{OQ_i}$の時間微分が 0 であるので，

$$\frac{d}{dt}\boldsymbol{\rho_i} = \boldsymbol{k} \times \boldsymbol{\rho_i}\omega \qquad (13・5)$$

このことを考慮に入れ（13・4）の左辺を変形すると，

$$\frac{d}{dt}(\boldsymbol{\rho_i} \times m_i\boldsymbol{k} \times \boldsymbol{\rho_i}\omega) = \boldsymbol{\rho_i} \times \boldsymbol{F_i} \qquad (13・6)$$

となる。剛体を形成するすべての質点について，上式を足しあげると

$$\frac{d}{dt}\sum(\boldsymbol{\rho_i} \times m_i\boldsymbol{k} \times \boldsymbol{\rho_i}\omega) = \sum\boldsymbol{\rho_i} \times \boldsymbol{F_i} \qquad (13・7)$$

となる。この式の左辺は（13・2）を見れば明らかなように$\frac{d}{dt}\sum(\boldsymbol{\rho_i} \times m_i\boldsymbol{v_i})$の形になっている。つまりこれは，角運動量$\boldsymbol{L}$の$z$成分$L_z$の時間微分である。一方で（13・7）の右辺は明らかに力のモーメントであり，かつz成分しか持たない。力のモーメントのz成分をN_zと書くと，(13・7) は最終的に以下のようになる。

$$\frac{d}{dt}L_z = N_z \qquad (13・8)$$

前章で剛体の運動は 3 成分の並進運動と 3 成分の回転運動の合成であることを述べたが，固定軸のある剛体の場合は（13・8）より，1 成分の回転運動しかないことがわかる。仮に重心が固定軸上にある場合は重心は動かないので，固定軸のある剛体の運動の自由度は 1 になる。

（13・8）の右辺のL_zを具体的に書くと，（13・7）より

$$L_z = \sum m_i {\rho_i}^2 \omega \qquad (13・9)$$

となる。ここで以下のような量

$$I_z = \sum m_i {\rho_i}^2 \qquad (13・10)$$

を導入する。これを z 軸に関する**慣性モーメント**と呼ぶことにしよう。なお剛体ではρ_iは一定であるので，I_zは定数である。慣性モーメントを用いると，方程式（13・8）は以下のようになる。

$$I_z\dot{\omega} = N_z \qquad (13・11)$$

慣性モーメントの意味をみるために，回転運動の式（13・11）と 1 次元の並進運動の式

$$m\dot{v} = F \tag{13・12}$$

と比べてみよう。両者の比較より，以下のような対比があることがわかる。

並進運動	回転運動
質量	慣性モーメント
速度	角速度
力	力のモーメント

第4章で述べたように，質量は力を与えたときの運動のしにくさを表現している。そのため上の対比から，慣性モーメントは力のモーメントを与えたときの物体の回転のしにくさを表現していることがわかる。しかし事態はそう単純ではない。今の場合は固定軸の周りに剛体を回したためある方向にしか回転しなかったが，固定点回りの回転では角速度や力のモーメントはベクトルになる。もちろん通常の運動方程式も，速度や力はベクトルである。(13・11)，(13・12）の一般形は以下のようになる。

$$\boldsymbol{I}\dot{\boldsymbol{\omega}} = \boldsymbol{N} \tag{13・13}$$

$$m\dot{\boldsymbol{v}} = \boldsymbol{F} \tag{13・14}$$

ここで注意しなければならないのが，慣性モーメントがスカラーでないことである。質量はスカラーであるが，これは剛体を一つ決めるとその質量はただ一つに決まるからである。しかし剛体を一つ決めても，回転軸の位置や方向によってよく回ったり回りにくかったりする。たとえば球状の剛体を回転させることを考えよう。回転軸が球の中心を通る場合とそうでない場合を考えると，前者のほうが後者に比べて回りやすいことは直観的に理解できるであろう。回転軸の位置がどこにあるのかは，回転のしやすさに関係しているのである。さらに剛体の形が球形からずれると，回転のしやすさは回転軸の位置だけでなく方向にも依存することも，すぐに理解できるであろう。つまり慣性モーメントはスカラーではないのである。慣性モーメントは数学的には3行3列の行列（**テンソル量**）となる。

13.1.2　慣性テンソル

慣性モーメントは回転運動の中心的概念であるが，テンソル量であるため理解が困難である。そのため，これを詳しく見ていくことにしよう。先に述べたように慣性モーメントは角運動量から出てきたので，今度は3次元の角運動量$\boldsymbol{L}$を考えよう。剛体が角速度$\boldsymbol{\omega}$で回転しているときの角運動量は（8・5）と速度と角速度の関係$\boldsymbol{v_i} = \boldsymbol{\omega} \times \boldsymbol{\rho_i}$より[41]

$$\boldsymbol{L} = \sum m_i(\boldsymbol{\rho_i} \times \boldsymbol{\omega} \times \boldsymbol{\rho_i}) \qquad (13 \cdot 15)$$

このx成分を計算すると$\boldsymbol{\rho_i} = (x_i, y_i, z_i)$として

$$L_x = \sum m_i\{y_i(\omega_x y_i - \omega_y x_i) - z_i(\omega_z x_i - \omega_x z_i)\}$$

$$\Leftrightarrow \quad L_x = \omega_x \sum m_i({y_i}^2 + {z_i}^2) - \omega_y \sum m_i x_i y_i - \omega_z \sum m_i z_i x_i \qquad (13 \cdot 16)$$

y成分，z成分も同じように計算すると，最終的に以下のようになる。

$$L_y = -\omega_x \sum m_i y_i x_i + \omega_y \sum m_i({z_i}^2 + {x_i}^2) - \omega_z \sum m_i y_i z_i \qquad (13 \cdot 17)$$

$$L_z = -\omega_x \sum m_i z_i x_i - \omega_y \sum m_i z_i y_i + \omega_z \sum m_i({x_i}^2 + {y_i}^2) \qquad (13 \cdot 18)$$

これを以下のように書く。

$$\begin{pmatrix} L_x \\ L_y \\ L_z \end{pmatrix} = \begin{pmatrix} I_x & -I_{xy} & -I_{xz} \\ -I_{yx} & I_y & -I_{yz} \\ -I_{zx} & -I_{zy} & I_z \end{pmatrix} \begin{pmatrix} \omega_x \\ \omega_y \\ \omega_z \end{pmatrix} \qquad (13 \cdot 19)$$

ここで

$$I_x = \sum m_i({y_i}^2 + {z_i}^2) \qquad (13 \cdot 20)$$

$$I_y = \sum m_i({z_i}^2 + {x_i}^2) \qquad (13 \cdot 21)$$

$$I_z = \sum m_i({x_i}^2 + {y_i}^2) \qquad (13 \cdot 22)$$

を改めて慣性モーメントとよび，また

$$I_{xy} = I_{yx} = \sum m_i x_i y_i \qquad (13 \cdot 23)$$

$$I_{yz} = I_{zy} = \sum m_i y_i z_i \qquad (13 \cdot 24)$$

$$I_{zx} = I_{xz} = \sum m_i z_i x_i \qquad (13 \cdot 25)$$

を**慣性乗積**と呼ぶ。また両者を合わせて慣性テンソルということにする。なお慣性モーメントについては,以下の2つの定理が成り立つことが知られている。

---

[41] ある軸の周りに回転している物体を考えれば，この関係式が成り立つことはすぐにわかるであろう。

平行軸定理

重心Gを通るある軸に関する慣性モーメントをI_Gとする。これに平行で距離hにある軸に関する慣性モーメントIは，剛体の全質量をMとすると，以下のように表せる。

$$I = I_G + h^2 M \qquad (13・26)$$

薄板の直交軸定理

薄板内の直交する２軸をx軸，y軸，それらの交点を通り板に垂直な軸をz軸とする。それぞれの軸に対する慣性モーメントの間には，以下の関係がある。

$$I_z = I_x + I_y \qquad (13・27)$$

13.1.3　慣性楕円体と主慣性モーメント

ある剛体の慣性モーメントをI_x，I_y，I_z，慣性乗積をI_{xy}，I_{yz}，I_{zx}とする。この時，以下の関係を満たす座標値(x, y, z)をもつ点をＰとする。

$$I_x x^2 + I_y y^2 + I_z z^2 - 2I_{xy}xy - 2I_{yz}yz - 2I_{zx}zx = 1 \qquad (13・28)$$

このとき（13・28）を満たす２次曲面は，図のように楕円を三次元へ拡張した楕円体の表面となる。剛体の慣性モーメント，慣性乗積を係数とする２次曲面を**慣性楕円体**と呼ぶ。

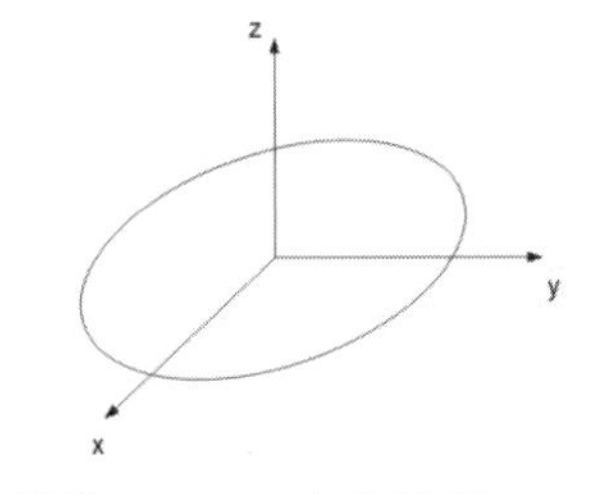

座標系を楕円体の主軸にとると，慣性乗積が全て０になるようにできる。このような軸を**慣性主軸**といい，その際の慣性モーメントを**主慣性モーメント**と呼ぶ。このような座標系が存在することは，慣性楕円体のような単純な形の物体では直観的に納得できるであろう。しかしその詳細は省くが，剛体がどんなに複雑な形をしていても慣性乗積が０となるような直交系が存在していることがわかっている。つまり適切な座標系を設定すれば，慣性テンソルのうち慣性モーメントのみを計算しておけばよいことになる。

13.1.4　剛体の重心

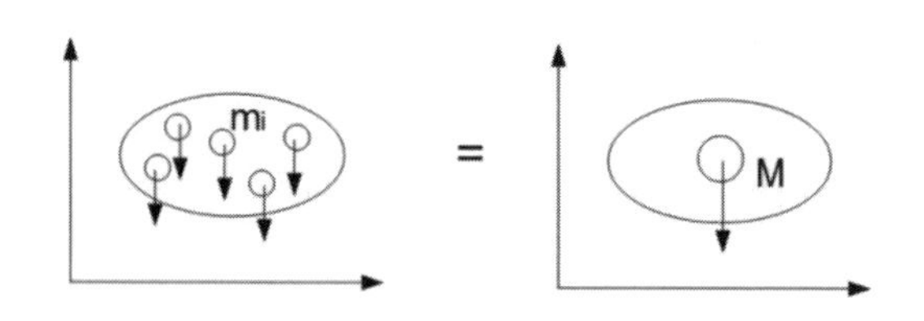

剛体の運動を理解するうえで重心の位置を求めておくことはとても大切である。重心については既に（10・6）で証明なしで与えている。しかしここでは剛体を多数の質点から作られていると考え，質点にかかる力の合計と重心にかかる力が等しいこと，原点回りの力もモーメントも両者で等しいこと，の 2 つの条件から，（10・6）が成立することを示す。

最初の条件であるが，個々の質点が感じる重力の和と重心が感じる重力が等しいことより，以下の明らかな関係

$$(m_1 + \cdots + m_n)g = Mg \quad \Rightarrow \ m_1 + \cdots + m_n = M \tag{13・29}$$

が成立する。次に両者の力のモーメントが等しいことから

$$(m_1x_1 + \cdots + m_nx_n)g = Mx_Gg \quad \Rightarrow \ m_1x_1 + \cdots + m_nx_n = Mx_G \tag{13・30}$$

が成立する。またこの図を時計回りに 90 度回転させると，以下が成立することもすぐにわかる。

$$m_1y_1 + \cdots + m_ny_n = My_G \tag{13・31}$$

以上をまとめて表記すると，

$$\sum m_i = M \tag{13・32}$$

$$\sum m_i\boldsymbol{r_i} = M\boldsymbol{r_G} \qquad \Rightarrow \ \boldsymbol{r_G} = \sum m_i\boldsymbol{r_i}\,/M \tag{13・33}$$

なお剛体を無限個の質点の集まりだと考えると，重心は以下のような積分の形で表される。

$$\int \rho\, dV = M \tag{13・34}$$

$$\boldsymbol{r_G} = \int \rho\boldsymbol{r}dV\,/M \tag{13・35}$$

ここでρは剛体の密度を表している。

13.1.5　仮想仕事の原理

最後になったが仮想仕事の原理について，その概要を説明する。剛体が強制力と束縛力によってつりあい，静止している場合を考える。このときには，剛体内の i 番目の質点に働く強制力$\boldsymbol{F_i}$と束縛力$\boldsymbol{R_i}$がつりあっている。

$$\boldsymbol{F}_i + \boldsymbol{R}_i = \boldsymbol{0} \qquad (13 \cdot 36)$$

いま外力を与え，このつりあいの位置から仮にほんのわずかの変位$\delta \boldsymbol{s}_i$だけずらすことを考えよう。このとき外力のする仕事は

$$\delta W_i = (\boldsymbol{F}_i + \boldsymbol{R}_i) \cdot \delta \boldsymbol{s}_i = \boldsymbol{0} \qquad (13 \cdot 37)$$

となる。なぜならこの式は（13・36）の両辺に$\delta \boldsymbol{s}_i$を掛けた形になっているので，0 になる。つまり力の和が 0 であるなら，仮にそこから動いてもその時なされた仕事は 0 になる。実際には物体は動いたわけではないので，この変位を仮想変位，この仕事を仮想仕事と呼ぶことにする。ところがこの逆，つまり仮想仕事が 0 であれば力がつりあっていることも言える。この 2 つを合わせて**仮想仕事の原理**と呼ぶ。

（13・36）が成立すると（13・37）の成立は自明である。しかし仮想仕事の原理をつかうと，束縛力を消せるというメリットがある。例えば滑らかな束縛の場合，束縛力は垂直抗力のような運動の方向と垂直に働くものだけとなる。変位を運動方向にとると[42]（13・37）式は

$$\delta W_i = \boldsymbol{F}_i \cdot \delta \boldsymbol{s}_i = \boldsymbol{0} \qquad (13 \cdot 38)$$

となり，束縛力が消える。静力学の場合，仮想仕事の原理によって複雑な束縛条件があるときでも簡単に問題を処理できる。この便利さを動力学にも応用したのが，ダランベールの原理である。そしてこれらの原理をベースにして解析力学が打ち立てられるのである。

13.2 節　慣性モーメントと固定軸回りの運動

ここでは慣性モーメントを利用して，剛体の様々な運動を計算することをおこなう。まずは，定義式に従って慣性モーメントを求めるところから始めよう。

13.2.1　慣性モーメントを求める

慣性モーメントの求め方はいろいろあるが，最も単純なのは物体内にランダムに質点を多数ばらまき，定義式（13・20）～（13・25）を利用して求める方

42　仮想変位であるので変位を必ずしも運動方向にとる必要はないが，現実問題として運動方向以外に変位をとるのは意味がない。

法である。これは任意の形状の物体の慣性モーメントを求める際でも利用できるので，ここではこの方法を採用しよう。

［対話１３－１］(Inertia.java)

底面の半径$a = 1$，高さ$b = 1$の円錐を考える。円錐の頂点と底面の中心の垂線をz軸，それに直交するようにx軸とy軸を設定する。このとき原点を中心とし，z軸回りの円錐の慣性モーメントを求めよ。

```
public class Inertia {
        public static void main(String[] args) {
                double[] x =new double[10000];
                double[] y =new double[10000];
                double[] z =new double[10000];
                double xd,yd,zd;
            double sum=0.0;
                int n=0, k;
                while(n<10000){
                        xd=2.0*Math.random()-1.0;
                        yd=2.0*Math.random()-1.0;
                        zd=Math.random();
                        if(1.0-zd > Math.sqrt(xd*xd+yd*yd)){
                                x[n]=xd;
                                y[n]=yd;
                                z[n]=zd;
                                n=n+1;
                        }
                }
                for (k=1;k<10000;k=k+1) {
                        sum=sum+(x[k]*x[k]+y[k]*y[k]);
                }
```

```
            sum=sum/10000.0;
            System.out.println(sum);
        }
}
```

プログラムに関する説明

・Math.random を利用して，x,yに$[-1:1]$，zに$[0:1]$の範囲の乱数を発生させている。そして$1-\mathrm{z}>\sqrt{x^2+y^2}$のとき，つまり割り振られた点$(x,y,z)$が円錐内にある時のみ，計算対象としている。

・なお円錐のモーメントの厳密解は，円錐の質量をMとした場合に以下で与えられることがわかっている。

$$\mathrm{I}_z=\frac{3}{10}Ma^2 \tag{13・39}$$

13.2.2　２つの球の運動

これから慣性モーメントを利用して，剛体の運動を調べて見よう。ここでは半径aの球Ａ(質量M)が，半径bの固定球 B 上を滑らずに転がり落ちる場合，球の離れる場所の角度を調べる。ただし手を放す位置を角度αとする。ある時刻に，OG と鉛直軸とのなす角が図のようにθとなったとする。この時の球Ａの重心Ｇの円周方向の運動方程式は

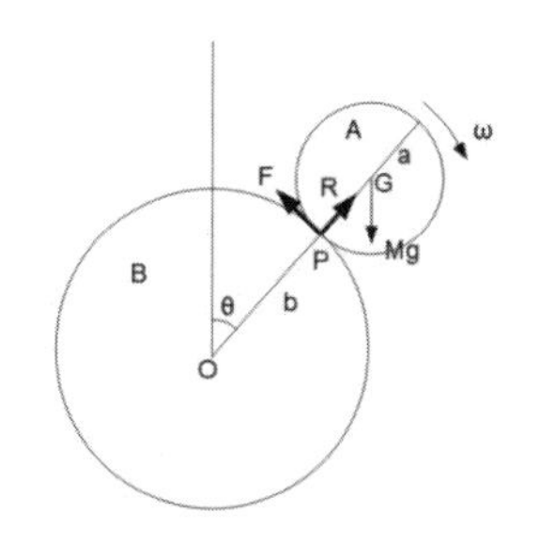

$$M(b+a)\frac{d^2\theta}{dt^2}=Mgsin\theta-F \tag{13・40}$$

である。ただしF は摩擦力である。Ｇの中心方向の運動方程式は，球Ａが球Ｂから受ける垂直抗力をRとすると

$$\mathrm{M(b+a)}\left(\frac{d\theta}{dt}\right)^2=Mgcos\theta-R \tag{13・41}$$

である。これらの運動方程式とは独立に，Ｇ周りの回転に関する方程式

$$\mathrm{I}\frac{d\omega}{dt}\equiv Mk^2\frac{d\omega}{dt}=Fa \tag{13・42}$$

が成立する。ただしＩは球Ａの慣性モーメントであり，それを$I\equiv Mk^2$と置き

換えている。さらに球が滑らずに回転するという条件から，以下が成立する。

$$(b+a)\frac{d\theta}{dt}=a\omega \tag{13・43}$$

まず（13・41）より

$$R=Mgcos\theta-M(b+a)\left(\frac{d\theta}{dt}\right)^2 \tag{13・44}$$

である。最初 $\theta=\alpha$ でこの式の第 2 項は 0 であるので，Rは正の値になることがわかる。さらに θ が増えると第 1 項は小さく第 2 項は大きくなるので，いずれ$R=0$になる（この時に離れる）。いずれにしてもRを評価するには，時刻 t における θ と$\frac{d\theta}{dt}$を知る必要がある。そのためにはまず第 1 式と（13・43）でFを消した後，さらに（13・42）を使い ω を消す必要がある。これをおこなうと，以下のようになる。

$$(b+a)\frac{a^2+k^2}{a^2}\frac{d^2\theta}{dt^2}=gsin\theta \tag{13・45}$$

この式を $\theta=\alpha$ から順に解いていき，そのたびごとにRを評価する。そしてRが 0 または負になった瞬間が，球 B が球 A から離れるときである。

［対話１３－２］(Twosphere.java)

手を放す位置を角度 α=10° とした場合，球Aの離れる角度を計算せよ。

```
public class Twosphere {
		public static void main(String[] args) {
				double a,b,k,alpha,g,t,dt,theta,mass,dtheta,ddtheta,r;
				double xx,yy;
				int i;
				a=1.0;
				b=2.0;
				mass=4.0/3.0*Math.PI*a*a*a;
				k=Math.sqrt(2.0/5.0)*a;
				g=9.8;
				alpha=10.0;
```

```
                alpha=alpha*Math.PI/180.0;
                t=0.0;
                dt=0.01;
                theta=alpha;
                dtheta=0.0;
                ddtheta=0.0;
                for(i=1;i<1000;i++){
                        rk(theta,dtheta,t,dt);
                        r=mass*g*Math.cos(theta)-mass*(b+a)*dtheta*dtheta;
                        if(r<0.0) break;
                }
                xx=theta*180.0/Math.PI;
                yy=mass*g/(a*a+k*k)*((3.0*a*a+k*k)*Math.cos(theta)-2.0*a*
                        a*Math.cos(alpha));
                System.out.println(xx+ ", "+ yy);
        }
        public static void rk(double x,double y,double t,double dt){
                double kx1,ky1,kx2,ky2,kx3,ky3,kx4,ky4,ff,gg;
                kx1=dt*ff(x,y,t);
                ky1=dt*gg(x,y,t);
                kx2=dt*ff(x+0.5*kx1,y+0.5*ky1,t+0.5*dt);
                ky2=dt*gg(x+0.5*kx1,y+0.5*ky1,t+0.5*dt);
                kx3=dt*ff(x+0.5*kx2,y+0.5*ky2,t+0.5*dt);
                ky3=dt*gg(x+0.5*kx2,y+0.5*ky2,t+0.5*dt);
                kx4=dt*ff(x+kx3,y+ky3,t+dt);
                ky4=dt*gg(x+kx3,y+ky3,t+dt);
                x=x+(kx1+2*kx2+2*kx3+kx4)/6.0;
                y=y+(ky1+2*ky2+2*ky3+ky4)/6.0;
                t=t+dt;
        }
```

```
        public static double ff(double theta,double dtheta, double t){
                        return dtheta;
          }
        public static double gg(double theta,double dtheta, double t){
                        double a,b,k,g;
                        a=1.0;
                        b=2.0;
                        k=Math.sqrt(2.0/5.0)*a;
                        g=9.8;
                        return g*Math.sin(theta)/(b+a)/(a*a+k*k)*a*a;
          }
}
```

プログラムに関する説明

・9行目と48行目において，球の慣性モーメントは$k=\sqrt{2/5}a$であることを使っている。

・変数xxはθ，yyは$d\theta/dt$を表している。

・41行目のffは$d\theta/dt$を，ggは$d^2\theta/dt^2$の値を返す関数である。

13.2.3 ケーターの振り子

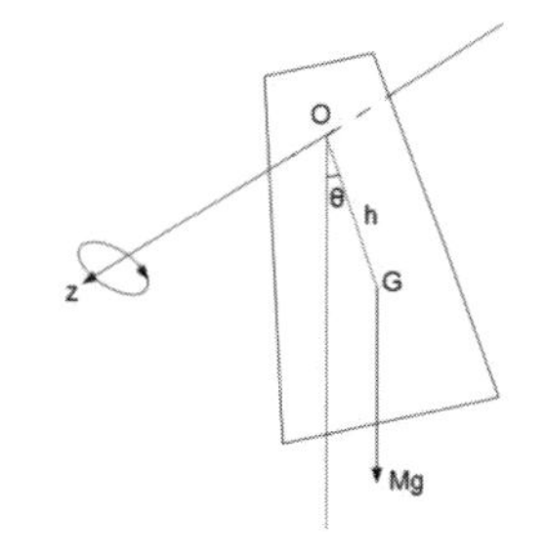

最後に固定軸周りの剛体の運動について考えてみよう。図のような場合，以下の方程式が成立する。

$$I\frac{d^2\theta}{dt^2}=-Mghsin\theta \qquad (13・46)$$

この式を単振動の式と比べると，糸の長さが以下の場合に相当することに，すぐ気がつく。

$$l=\frac{I}{Mh} \qquad (13・47)$$

これから剛体の振動の周期は

$$T=\frac{2\pi}{\omega}=2\pi\sqrt{\frac{I}{Mgh}} \quad (13・48)$$

となる。特に重心Ｇまわりの慣性モーメントをI_Gとすると，　$I=I_G+Mh^2$が成立するので，先の周期は

$$\mathrm{T}=2\pi\sqrt{\frac{I_G+Mh^2}{Mgh}} \quad (13・49)$$

となる。ただしhは回転軸と剛体の重心との距離である。この式からわかるように，剛体振り子において剛体の質量MとhとI_Gがわかれば，Tを測定することで重力加速度gの値を求めることができることがわかる。これは重力加速度を求める良い方法であるが，残念ながらI_Gを正確に測るのが難しいという欠点がある。

この欠点を取り除くために考案されたのが，右図の**ケーターの振り子**である。ここでおもりW_2は固定されているが，おもりW_1は移動可能である。またこの装置は，固定軸を通す場所がＡとＢの２つあることに注意してほしい。固定軸をＡまたはＢとした場合のケーターの振り子の周期は（13・49）より

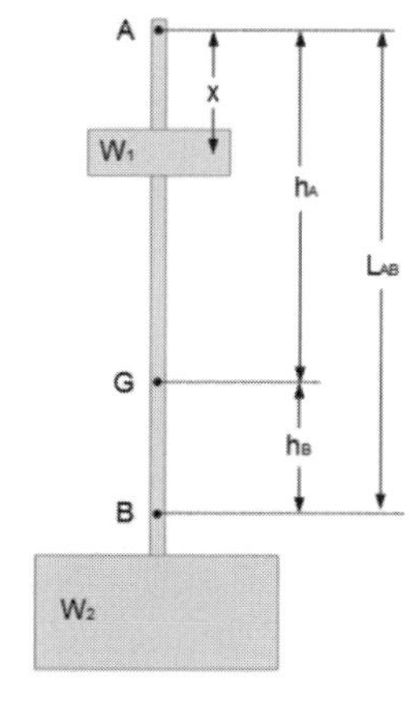

$$\mathrm{T}_A=2\pi\sqrt{\frac{I_G+Mh_A^2}{Mgh_A}} \quad (13・50)$$

$$\mathrm{T}_B=2\pi\sqrt{\frac{I_G+Mh_B^2}{Mgh_B}} \quad (13・51)$$

となる。W_1を動かすとI_G，h_A，h_Bが変化するため，T_A，T_Bともに変化する。両者が等しくなるところでW_1を固定し$\mathrm{T}_A=\mathrm{T}_B$として$I_G$について解くと

$$I_G=Mh_Ah_B \quad (13・52)$$

となる。これをもとの周期の式に入れると

$$T_0=T_A=T_B=2\pi\sqrt{\frac{h_A+h_B}{g}} \quad (13・53)$$

となり，重力定数を求めるのに必要なのは，周期T_0と重心から固定軸までの距離h_A，h_Bのみである。重心の位置を求めることはやさしいので，重力定数の評

価がしやすくなる。次の例は，このケーターの振り子に発想を得た問題である。

［対話１３－３］(Kater.java)

質量の無視できる長さLの棒の両端に，質量m_1, m_2の物体がくっついたものを考える。そして棒の適当な位置を中心として，棒を回転させたとする。回転の中心となる点を変化させた場合，周期Tの変化を計算するプログラムを完成させよ。

```
public class Kater {
        public static void main(String[] args) {
                double II,g,h,b,db,m1,m2,t,L;
                int i;
                m1=1.0;
                m2=2.0;
                L=1.0;
                g=9.8;
                b=0.0;
                db=0.01;
                for(i=0;i<=100;i++){
                        b=b+db;
                        h=Math.abs(m2*L/(m1+m2)-b);
                        II=m1*b*b+m2*(L-b)*(L-b);
                        t=2.0*Math.PI*Math.sqrt(II/(m1+m2)/g/h);
                        System.out.println(b+ ", "+ t);
                }
        }
}
```

プログラムに関する説明

・質量m_1の物体がくっついた地点を原点とし，棒の長さをLとする。この時，重心の位置は$m_2L/(m_1+m_2)$となる。

・13 行目で，回転中心と重心の位置の差を計算している。

・回転中心の位置がbの場合，棒の慣性モーメントは以下のようになる。

$$I = m_1 b^2 + m_2(L-b)^2 \tag{13・54}$$

つまり 14 行目で，物体全体の慣性モーメントを計算している。

・縦軸を周期の長さ，横軸を回転中心の位置としてグラフを描くと，回転中心が重心の位置に近づくほど，周期が長くなっていくことがわかる。この結果は（13・49）と$I = I_G + Mh^2$より，明らかである。

第１４章　固定点回りの運動

14日目

本章では剛体の力学の最難関の課題，つまりオイラー方程式と固定点回りの運動について説明する。特にその応用例として，コマの運動を取り上げる。また方程式の根の数値解法に関する説明もおこなう。

14.1節　固定点周りの運動とコマ

14.1.1　オイラーの方程式

剛体の一般的な運動において，その基礎方程式は並進運動を表す重心の運動（12・6）と，重心回りの回転運動（12・12）であった。

$$M\frac{d^2\boldsymbol{r}_G}{dt^2} = \boldsymbol{F} \tag{14・1}$$

$$\frac{d\boldsymbol{L}_G}{dt} = \boldsymbol{N}_G \tag{14・2}$$

剛体の一般的な運動を調べるのは難しいので，これまでは平面運動や固定軸回りの運動に限って調べてきた。ここでは，固定点回りの剛体の運動について調べてみよう。

固定点がある場合は，それを座標系の原点と取ると都合がよいことはすぐにわかるであろう。さらに場合によっては，剛体に固定した座標系を設定したほうが計算しやすい。特にここでは固定点回りに回転している剛体を考えたいので，剛体の運動方程式（14・2）を回転系で表現した関係式が必要となる。剛体が固定点の周りを角速度$\boldsymbol{\omega}$で回転している場合を考えよう。O系を地面に固定した座標系，O′ 系を剛体と共に回転する座標系とすると，(9・11）で指摘したように

$$\boldsymbol{v} = \boldsymbol{v}' + \boldsymbol{\omega} \times \boldsymbol{r}' \tag{14・3}$$

という関係が成立した。同じことを角運動量の時間微分についておこなうと

$$\frac{d\boldsymbol{L}}{dt} = \frac{d\boldsymbol{L}'}{dt} + \boldsymbol{\omega} \times \boldsymbol{L}' \tag{14・4}$$

という関係が成立することがわかっている。ここでO系における力のモーメント$\boldsymbol{N}$を，O′ 系の基底を使った成分で書いたものを改めて$\boldsymbol{N}'$と書くことにしよう。そうすると，(14・2) は以下のようになる。ただし煩雑さを避けるために，

これからは添え字Gを省いて記載することとする。

$$\frac{d\boldsymbol{L}'}{dt}+\boldsymbol{\omega}\times\boldsymbol{L}'=\boldsymbol{N}' \qquad (14\cdot5)$$

これから議論するのはO′系を基準にしていることを頭に入れたうえで，複雑さを避けるためにさらに′をはずして記載する。（14・5）をx,y,zの成分表示にすると

$$\begin{aligned}\frac{dL_x}{dt}+\left(\omega_y L_z-\omega_z L_y\right)&=N_x\\ \frac{dL_y}{dt}+\left(\omega_z L_x-\omega_x L_z\right)&=N_y\\ \frac{dL_z}{dt}+\left(\omega_x L_y-\omega_y L_x\right)&=N_z\end{aligned} \qquad (14\cdot6)$$

である。ここで前章でやったように

$$\begin{aligned}L_x&=I_{xx}\omega_x+I_{xy}\omega_y+I_{xz}\omega_z\\ L_y&=I_{yx}\omega_x+I_{yy}\omega_y+I_{yz}\omega_z\\ L_z&=I_{zx}\omega_y+I_{zy}\omega_y+I_{zz}\omega_z\end{aligned} \qquad (14\cdot7)$$

である。特にx,y,z軸を慣性主軸に一致させると

$$\begin{aligned}L_x&=I_{xx}\omega_x\\ L_y&=I_{yy}\omega_y\\ L_z&=I_{zz}\omega_z\end{aligned} \qquad (14\cdot8)$$

となるので，これを（14・6）に代入して以下のようになる。

$$\begin{aligned}I_{xx}\frac{d\omega_x}{dt}-\left(I_{yy}-I_{zz}\right)\omega_y\omega_z&=N_x\\ I_{yy}\frac{d\omega_y}{dt}-\left(I_{zz}-I_{xx}\right)\omega_z\omega_x&=N_y\\ I_{zz}\frac{d\omega_z}{dt}-\left(I_{xx}-I_{yy}\right)\omega_x\omega_y&=N_z\end{aligned} \qquad (14\cdot9)$$

この式を，剛体の回転に対する**オイラー方程式**と呼ぶ。

14.1.2　ポワンソーの表示

オイラー方程式の応用例として，剛体に働く力のモーメントが0の自由回転の場合を考えてみよう。この時のオイラー方程式は，以下のようにやや簡単になる。（慣性主軸を$x_1x_2x_3$と書く）

$$
\begin{aligned}
I_1\frac{d\omega_1}{dt} &= (I_2 - I_3)\omega_2\omega_3 \\
I_2\frac{d\omega_2}{dt} &= (I_3 - I_1)\omega_3\omega_1 \\
I_3\frac{d\omega_3}{dt} &= (I_1 - I_2)\omega_1\omega_2
\end{aligned}
\qquad (14\cdot10)
$$

しかしこのような簡単な場合でも，オイラー方程式を解くのは面倒である。ただし問題の完全な解を求めなくても，**ポアンソーの表示**によって幾何学的な形で運動を記述することができる。

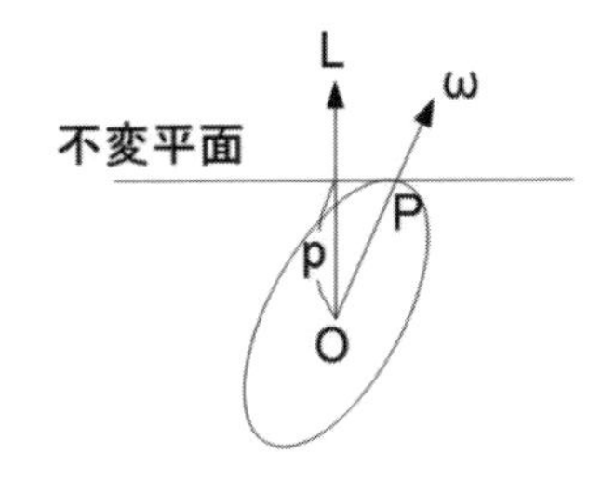

自由回転では角運動量$\boldsymbol{L}$と運動エネルギーTが保存する。考えている剛体と等価な慣性楕円体を考え，その回転運動を調べよう。自由回転する回転楕円体は図のような運動をするとき，$\boldsymbol{L}$は変化しないだけでなく，$\boldsymbol{L}$に垂直で固定点となる重心 O から$p = \sqrt{2T}/L$の距離にある平面に接しながら回ることがわかっている。この平面を不変平面と呼ぶ。回転楕円体と不変平面の接点が慣性楕円体の上に描く曲線を**ポルホード曲線**と呼ぶ[43]。ポルホード曲線は$I_1 > I_2 > I_3$の時は下図のようになる。特にこのような場合を考えてみよう。例えば慣性楕円体がx_1軸を回転軸として定常的に回っているとしよう。この場合に小さな変動を与えた場合は，どうなるであろうか。左図のポルホードにはx_1軸まわりの小さな円があることから，運動が安定であることがわかる。同じことがx_3軸についてもいえる。しかしx_2軸まわりのポルホードには小さな円がないため，ほんのわずかの変動が運動の様子を激変させてしまうこと，つまり運動が不安定であることがわかる。このような幾何学的な議論でわかるように，ポアンソーの表示は力のモーメントが働かない場合の剛体の運動を定性的に記述

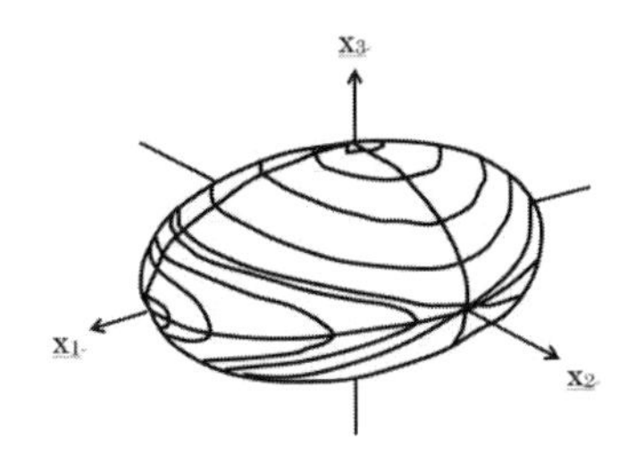

---

43 なお，回転楕円体と不変平面の接点が不変平面の上に描く曲線をハーポルホード曲線と呼ぶ。

することに成功している。

14.1.3　オイラー角

剛体の運動を考えるときには，剛体が今どのような位置関係を持っているかを示すことが必要となる。剛体の一点を固定しその周りの運動を考えた場合には自由度は 3 になるので，剛体の向きは 3 つの角度を使って表現することができる。これが**オイラー角**と呼ばれるものである。

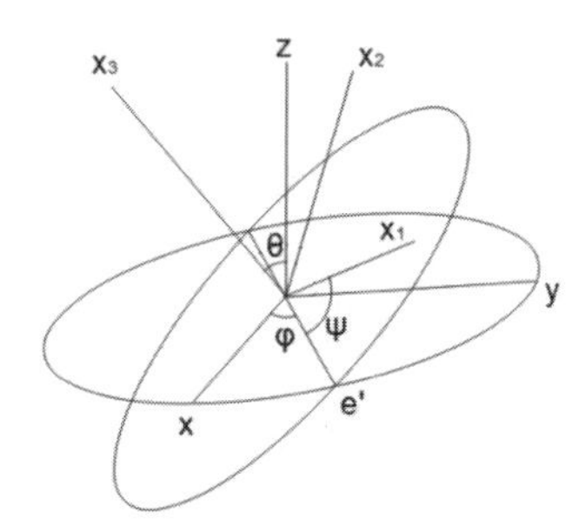

議論を具体的に進めるために，空間に固定した座標系を(x, y, z)，剛体に張り付いた座標系を(x_1, x_2, x_3)としよう。オイラー角は座標軸まわりの回転を繰り返すことで，両者の関係を表現するものである。両者の関係は図のようになるが，これは以下の関係がある。

1. (x, y, z)をz軸まわりに角度φ回転させ，(x', y', z')とする。
2. (x', y', z')をx'軸まわりに角度θ回転させ，(x'', y'', z'')とする。
3. (x'', y'', z'')をz''軸まわりに角度ϕ回転させれば(x_1, x_2, x_3)となる。

さらに両者の関係を数式で書くと，以下のようになる。

	x	y	z
x_1	cosφ cosΨ−cosθ sinφ sinΨ	sinφ cosΨ+cosθ cosφ sinΨ	sinθ sinΨ
x_2	−cosφ cosΨ−cosθ sinφ cosΨ	−sinφ sinΨ+cosθ cosφ cosΨ	sinθ cosΨ
x_3	sinθ sinφ	−sinθ cosφ	cosθ

また角速度$\boldsymbol{\omega}$の(x_1, x_2, x_3)成分を$(\omega_1, \omega_2, \omega_3)$とし，これをオイラー角で表現すると，以下のようになることがわかっている。

$$\begin{aligned} \omega_1 &= \dot{\theta} cos\phi + \dot{\varphi} sin\theta sin\phi \\ \omega_2 &= -\dot{\theta} sin\phi + \dot{\varphi} sin\theta cos\phi \\ \omega_3 &= \dot{\varphi} cos\theta + \dot{\phi} \end{aligned} \qquad (14・11)$$

オイラー角は，次に述べるコマの運動を記述する際に必要となる。

14.1.4　対称コマの運動

これまでの準備を経て，いよいよ対称コマの運動を考えよう。図のように，x_3軸について対称な剛体（コマ）がx_3軸上の点Ｏを固定した状態で，重力の下で運動しているとする。固定点Ｏを原点とし，鉛直上方をz軸をとる空間固定の座標系(x, y, z)を設定する。同じく図のように，コマに張り付いた座標系(x_1, x_2, x_3)も設定する。また剛体の質量をM，剛体の重心Ｇはx_3軸上にありＯから距離がlであるとする。剛体に作用する力のモーメントは，重力$\boldsymbol{F} = Mg\boldsymbol{e_z}$のみが関係するので以下のようになる。

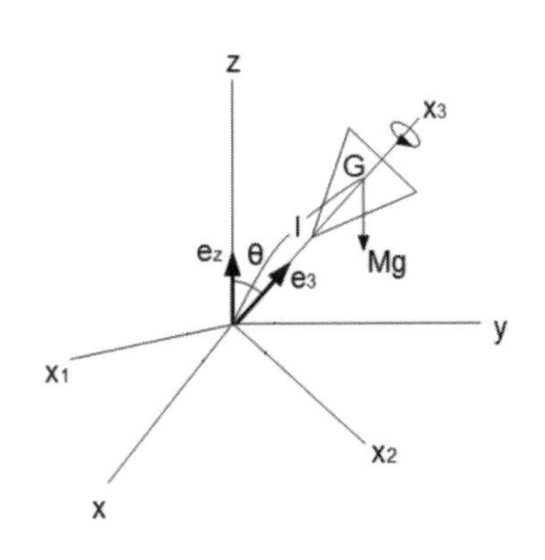

$$\boldsymbol{N} = l\boldsymbol{e_3} \times (-Mg\boldsymbol{e_z}) \quad (14・12)$$

この式より$\boldsymbol{N}$は$\boldsymbol{e_3}$の方向と垂直なので，$N_3 = 0$であることがすぐにわかる。これを（14・9）に代入し，コマの形より$I_1 = I_2$であることを利用すると

$$\omega_3 = \omega_0 \text{（一定）} \quad (14・13)$$

であることもわかる。

同じく（14・12）より$\boldsymbol{N}$は$\boldsymbol{e_z}$の方向と垂直なので，$N_z = 0$であることがすぐにわかる。これより角運動量が

$$L_z = L_0 \text{（一定）} \quad (14・14)$$

であることもわかる。ただしここではコマに張り付いた座標系に注目しているので，（14・14）をオイラー角(x_1, x_2, x_3)を用いて表現しなければならない。そのため，（14・14）を以下のように変形する。

$$\begin{aligned} L_z &= \boldsymbol{L} \cdot \boldsymbol{e_z} \\ &= (L_1\boldsymbol{e_1} + L_2\boldsymbol{e_2} + L_3\boldsymbol{e_3}) \cdot (sin\theta sin\psi\boldsymbol{e_1} + sin\theta cos\psi\boldsymbol{e_2} + cos\theta\boldsymbol{e_3}) \\ &= I_1\omega_1 sin\theta sin\psi + I_2\omega_2 sin\theta cos\psi + I_3\omega_3 cos\theta = L_0 \end{aligned} \quad (14・15)$$

最後にエネルギー保存則が成立するので，

$$\frac{1}{2}(I_1\omega_1^2 + I_2\omega_2^2 + I_3\omega_3^2) + Mglcos\theta = E \quad (14・16)$$

であることもわかる。(14・11) を用いて，(14・13)，(14・15)，(14・16) を書き直すと，次のようになる。

$$\dot{\varphi}cos\theta + \dot{\psi} = \omega_0 \qquad (14 \cdot 17)$$

$$\dot{\varphi}sin^2\theta = a - bcos\theta \qquad (14 \cdot 18)$$

$$\dot{\theta}^2 + \dot{\varphi}^2 sin^2\theta = \alpha - \beta cos\theta \qquad (14 \cdot 19)$$

ただし

$$a = \frac{L_0}{I_1} \qquad b = \frac{I_3\omega_0}{I_1} \qquad (14 \cdot 20)$$

$$\alpha = \frac{2E - I_3\omega_0^2}{I_1} \qquad \beta = \frac{2Mgl}{I_1} \qquad (14 \cdot 21)$$

結局，これらが対称コマの運動方程式となる。

(14・18) および (14・19) から$\dot{\varphi}$を消去すると

$$(a - bcos\theta)^2 + \dot{\theta}^2 sin^2\theta = sin^2\theta(\alpha - \beta cos\theta) \qquad (14 \cdot 22)$$

$u = cos\theta$とおいて変形すると

$$\dot{u}^2 = (\alpha - \beta u)(1 - u^2) - (a - bu)^2 \qquad (14 \cdot 23)$$

この式の右辺を$f(u)$と書くと，$u = -\infty, -1, 1, \infty$のとき，$f(u)$はそれぞれ－，－，－，＋の符号をもつので，$f(u)$の関数形は右図のようになる。ただし$u = cos\theta$であるので，$-1 \leq u \leq 1$である。また (14.23) の左辺が 2 乗の形をしているので，$f(u) \geq 0$である必要もある。そこで$f(u) = 0$となる点をu_1, u_2とすると運動は$u_1 \leq u \leq u_2$の範囲，つまり$u_1 = cos\theta_1, u_2 = cos\theta_2$と置くと運動は$\theta_1 \geq \theta \geq \theta_2$の範囲でおこることがわかる。この様子を図で表現すると，以下の斜線部を動くことになる。

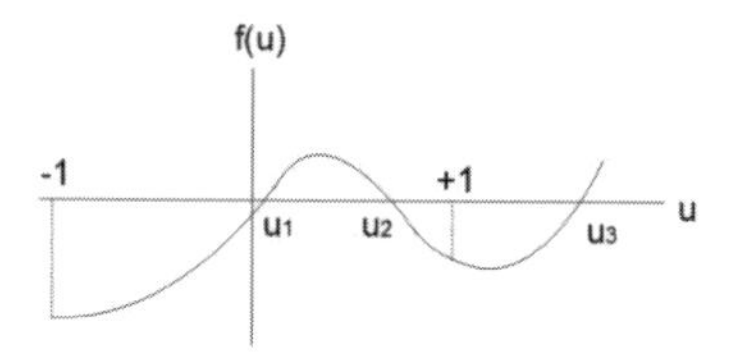

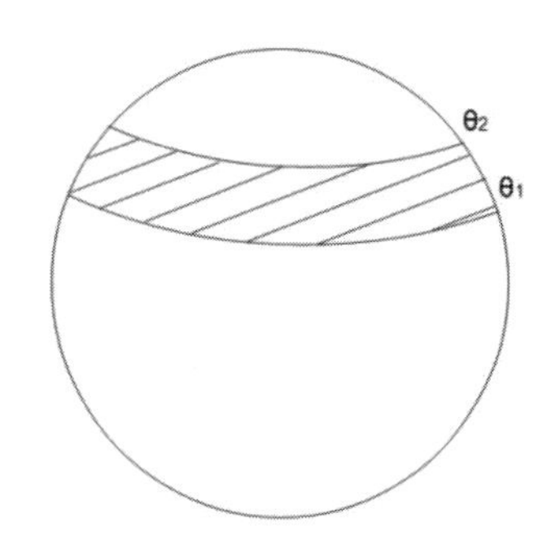

正確に解く場合は，まずは微分方程式 (14・23) を解いてuつまりθの時間変化を得る。さらに (14・18) を用いてφの時間変化を求める。最後に (14・17) でψの時間変化を求めることになる。

14.2節　方程式の根とコマの運動

これまで述べてきたことをもとにして，コマの運動について調べてみる。ただしそのためには方程式の根を求める必要があるので，まずはその練習をおこなう。

14.2.1　方程式の根と 2 分法

ここで取り上げるのは，ある関数$f(x)$ が与えられたとき，$f(\alpha)=0$となる根αを求める方法である。様々な解法があるが，ここでは最も単純な **2 分法**を取り上げる。2 分法を理解するためには，以下に述べる**中間値の定理**が重要となってくる。

> もし$f(a)\times f(b)<0$ なる a,b が存在すれば，$f(\alpha)=0$なる根αが，aとbの間に少なくともひとつ存在する。

この定理を利用して方程式の根を求める方法が，2 分法である。

話を具体的にするために，仮に$f(a)<0, f(b)>0$であるaとb（ただし$a<b$）を見つけたとする。中間地の定理により，区間 $[a,b]$に必ず根$x=\alpha$が存在する。

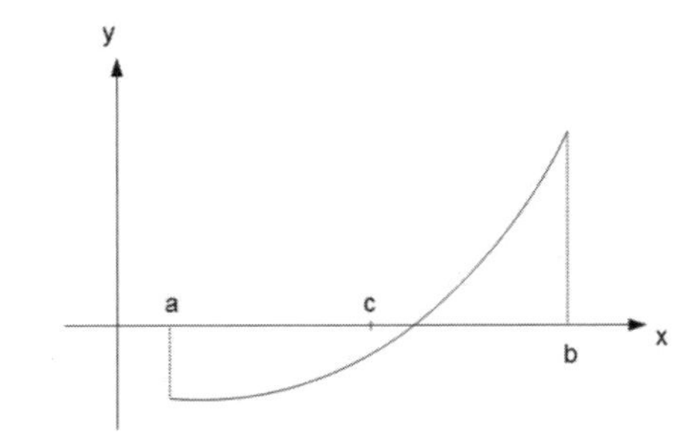

さて区間 $[a,b]$を，その中間地点$c=(a+b)/2$で 2 等分することを考えよう。明らかに方程式の根は区間 $[a,c]$または区間 $[c,b]$のどちらかに属しているはずである。どちらに属しているかは，$f(c)$の符号を調べればわかる。今の場合は$f(c)>0$なら根は区間 $[a,c]$に属しており，$f(c)<0$なら根は区間 $[c,b]$に属している。仮に区間 $[b,c]$に属していることがわかればcを改めてaと置くことで，根は区間 $[a,b]$に属していることになる。再度その中間点を取ってcと置き，根がどちらに属するかという作業を繰り返しおこなうことで，根の存在する領域を狭めていく。やがて十分

に小さい範囲まで領域を狭めることができたなら，その中間点をもって方程式の根とするのである。これが 2 分法であり，この方法を用いると一定精度の範囲で値を求めることができる。

［対話１４－１］(Nibun.java)

2 分法を利用して，$[-2,2]$の範囲で$x^3 - x + 1 = 0$を満たすxの値を求めよ。

```
public class Nibun {
        public static void main( String [] args ){
                double low=-2.0,high=2.0,mid,EPS=1e-08;
                int k;
                for (k=1;k<=50;k++) {
                        mid=(low+high)/2.0;
                        if (f(mid)>0){
                                high=mid;
                        }else{
                                low=mid;
                        }
                        if (Math.abs(high-low)<EPS) break;
                }
                System.out.println((low+high)/2.0);
        }
        public static double f(double x) {
                return x*x*x-x+1;
        }
}
```

プログラムに関する説明

・$f(x) = x^3 - x + 1$と置くと，$f(-2) < 0$，$f(2) > 0$である。つまり先の説明と同じケースになる。

・6 行目で中点 mid を求めている。そして 7〜11 行目で f(mid)の符号を調べ，解の範囲を狭めている。

・12 行目で，十分に小さい範囲まで領域を狭めることができたなら，ループを抜け出すようになっている。

14.2.2　コマの運動のシミュレーション

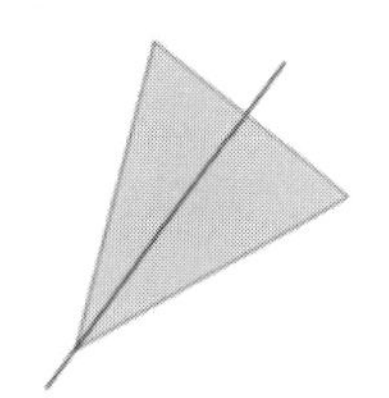

最後にこれまでの議論を基に，コマの運動をコンピュータで計算してみよう。まずやるべきことは，コマの固定点回りの慣性モーメントを求めておくことである。簡単のために，ここではコマを図のような円錐形＋棒と見なすことにする。円錐のx_3軸回りの慣性モーメントが底面の円の半径をaの場合 $I_3=\frac{3}{10}Ma^2$であることは，（13・39）で既に述べた通りである。一方x_1, x_2軸回りの慣性モーメントは，円錐の高さをhとして$I_1=I_2=\frac{3}{20}\left(\frac{a^2}{4}+h^2\right)M$であることもわかっている。ただし，これらは重心回りの値であるので，固定点回りの値に変更する必要がある。I_3は変化しないが，I_1, I_2は固定点から重心までの距離をlとした場合，$I_1=I_2=\left\{\frac{3}{20}\left(\frac{a^2}{4}+h^2\right)+l^2\right\}M$と変更される。いずれにしても，これらの値をコマの慣性モーメントとして用いることとする。

［対話１４－２］(Top.java)

　コマの運動を計算するプログラムを作成せよ。

```
public class Top {
        public static void main(String[] args) {
                double alpha,beta,a,b,enegy,Ione,Ithree,
                        omega0,mass,g,l,L0;
                double t,dt,u,ppsi,pphi,ra,rh,dd,umax,fumax,
                        umin,up,kubun1,kubun2,ri;
```

```
                double[] theta =new double[50000];
                double[] tt =new double[50000];
                double[] psi =new double[50000];
                double[] phi =new double[50000];
                double[] xx =new double[50000];
                double[] yy =new double[50000];
                double[] zz =new double[50000];
                double[] uuu =new double[50000];
                int i,j,NNN=1,NNN1,NNN2,index;
//初期値設定------------------------------
                ppsi=0.0;
                pphi=0.0;
                rh=0.03;
                ra=0.02;
                l=0.03;
                mass=0.015;
                omega0=500.0;
                L0=0.0007;
                enegy=0.23;
//物理量計算--------------------------------
                Ione=(3.0/20.0*(rh*rh/4.0+ra*ra)+l*l)*mass;
                Ithree=3.0/10.0*ra*ra*mass;
                g=9.8;
                alpha=(2.0*enegy-Ithree*omega0*omega0)/Ione;
                beta=2.0*mass*g*l/Ione;
                a=L0/Ione;
                b=Ithree*omega0/Ione;
                dd=(alpha+b*b)*(alpha+b*b)-3.0*beta*(2.0*b*a-beta);
                up=(alpha+b*b-Math.sqrt(dd))/3.0/beta;
//----------------------------------------------
```

```
fumax=(alpha-beta*up)*(1.0-up*up)-(a-b*up)*(a-b*up);
kubun1=-1.0;
kubun2=1.0;
umin=NIBUN(kubun1,up,a,b,alpha,beta);
umax=NIBUN(up,kubun2,a,b,alpha,beta);
t=0.0;
dt=0.0001;
u=(umax+umin)/2.0;
index=0;
for(i=1;i<10000;i++){
        u=RK4(u,t,dt,a,b,alpha,beta,index);
        if(u<umin){
                NNN=i-1;
                break;
        }
        uuu[i]=u;
        theta[i]=Math.acos(uuu[i]);
        tt[i]=t;
}

for(j=1;j<8;j++){
        u=umin;
        index=1;
        for(i=NNN+1;i<10000;i++){
                u=RK4(u,t,dt,a,b,alpha,beta,index);
                if(u>umax){
                        NNN=i-1;
                        break;
                }
                uuu[i]=u;
```

```
                theta[i]=Math.acos(uuu[i]);
                tt[i]=t;
        }

        u=umax;
        index=0;
        for(i=NNN+1;i<10000;i++){
                u=RK4(u,t,dt,a,b,alpha,beta,index);
                if(u<umin){
                        NNN=i-1;
                        break;
                }
                uuu[i]=u;
                theta[i]=Math.acos(uuu[i]);
                tt[i]=t;
        }
}
for(i=1;i<NNN;i++){
        u=uuu[i];
        t=tt[i];
        ppsi=RK42(ppsi,u,t,dt,a,b);
        pphi=RK43(pphi,u,t,dt,a,b,omega0);
        psi[i]=ppsi;
        phi[i]=pphi;
}
ri=0.5;
for(i=1;i<NNN;i++){
  xx[i]=ri*Math.sqrt(1.0-uuu[i]*uuu[i])*Math.sin(psi[i]);
  yy[i]=-ri*Math.sqrt(1.0-uuu[i]*uuu[i])*Math.cos(psi[i]);
  zz[i]=ri*uuu[i];
```

```
		}
		for(i=1;i<NNN;i++){
			System.out.println(xx[i]+ ", "+ yy[i]+ ", "+ zz[i]);
		}
	}
	public static double RK4(double x, double t, double dt, double a,
		double b, double alpha, double beta, int index){
			double kx1,ky1,kx2,ky2,kx3,ky3,kx4,ky4,ff;
			kx1=dt*ff(x,a,b,alpha,beta,index);
			kx2=dt*ff(x+0.5*kx1,a,b,alpha,beta,index);
			kx3=dt*ff(x+0.5*kx2,a,b,alpha,beta,index);
			kx4=dt*ff(x+kx3,a,b,alpha,beta,index);
			t=t+dt;
			return x+(kx1+2.0*kx2+2.0*kx3+kx4)/6.0;
	}
	public static double RK42(double x, double u, double t, double dt,
		double a, double b){
			double kx1,ky1,kx2,ky2,kx3,ky3,kx4,ky4,ff2;
			kx1=dt*ff2(u,a,b);
			kx2=dt*ff2(u+0.5*kx1,a,b);
			kx3=dt*ff2(u+0.5*kx2,a,b);
			kx4=dt*ff2(u+kx3,a,b);
			return x+(kx1+2.0*kx2+2.0*kx3+kx4)/6.0;
	}
	public static double RK43(double x, double u, double t, double dt,
	double a, double b, double omega0){
			double kx1,ky1,kx2,ky2,kx3,ky3,kx4,ky4,ff3;
			kx1=dt*ff3(u,a,b,omega0);
			kx2=dt*ff3(u+0.5*kx1,a,b,omega0);
			kx3=dt*ff3(u+0.5*kx2,a,b,omega0);
```

```
            kx4=dt*ff3(u+kx3,a,b,omega0);
            return x+(kx1+2.0*kx2+2.0*kx3+kx4)/6.0;
}
public static double ff(double u, double a, double b, double alpha,
 double beta, double index){
            double ff,t;
            ff = (alpha-beta*u)*(1.0-u*u)-(a-b*u)*(a-b*u);
            if(index==1) ff = Math.sqrt(Math.abs(ff));
            if(index==0) ff =-Math.sqrt(Math.abs(ff));
            return ff;
}
public static double gg(double u, double a, double b, double alpha,
double beta){
            double gg,t;
            return gg = (alpha-beta*u)*(1.0-u*u)-(a-b*u)*(a-b*u);
}
public static double ff2(double u, double a, double b){
            double ff2;
            return ff2 = (a-b*u)/(1.0-u*u);
}
public static double ff3(double u, double a, double b, double omega0){
            double ff3;
            return ff3 = omega0-(a-b*u)/(1.0-u*u)*u;
}
public static double NIBUN(double low, double high, double a,
double b, double alpha, double beta){
            double mid,gg;
            int i;
            for(i=1;i<1000;i++){
              mid=(low+high)/2.0;
```

```
                if(gg(low,a,b,alpha,beta)*gg(mid,a,b,alpha,beta)<0.0){
                        high = mid;
                } else {
                        low = mid;
                }
                if(Math.abs(high-low)<1.0e-10){
                        break;
                }
            }
            return (high+low)/2.0;
        }
}
```

プログラムに関する説明

・本プログラムは複雑であるので，利用した変数の意味に限り説明する。プログラムの中身をきちんと知りたい場合は，巻末にあげた参考文献に当たってほしい。

ppsi, pphi：　オイラー角　ψ, φ

rh, ra, mass：　コマ（円錐）の高さ，底面の半径，質量

l：　固定点から重心までの距離

omega0, L0：　コマのx_3成分の角速度ω_3，z成分の角運動量L_zの初期値

enegy：　コマのエネルギー

Ione, Ithree：　コマの慣性モーメントI_1, I_3

a,b,alpha,beta：　（14・20）（14・21）を参照

・（14・23）の右辺を微分して

$$f'(u) = 3\beta u^2 - 2(\alpha + b^2)u + 2ab - \beta$$

となる。ここで$f'(u) = 0$となる極致を考えるが，$f(u)$が極大となるのは小さい根u_pのときである。

$$u_p = \left(\alpha + b^2 - \sqrt{D}\right)/3\beta \quad ,$$

$$D = (\alpha + b^2)^2 - 3\beta(2ab - \beta)$$

プログラムでは，以下のような変数を導入している。

up, dd：　上記のu_p, D

・固定点と反対側にあるコマの軸の先端の動きをグラフ化したのが，上図である。残念ながらエクセルは3次元プロットに対応していないので，ここではgnuplotを利用した。

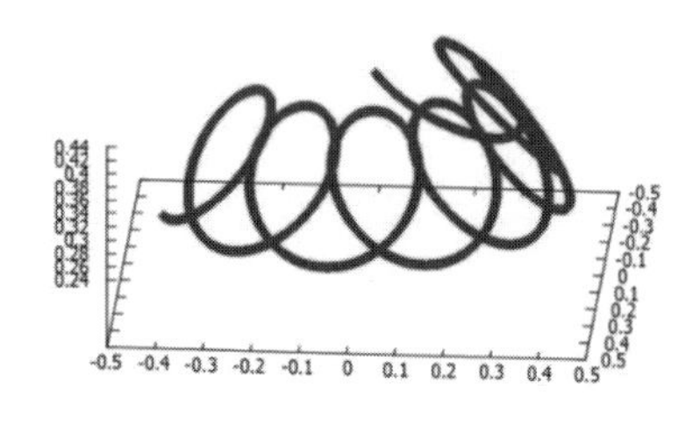

第１５章　冒険の旅を終えるにあたって

15日目

Java と共に歩んだ初等力学の旅も，前章で終わった。本章は旅の最終日であるので，力学の歴史を概観することでこれまでの旅を振り返ると同時に，次の新たな冒険の旅への出発の準備をおこなおう。

15.1節　力学の歴史

古代からニュートンの力学の成立まで

力学の研究は古代からおこなわれてきた。力のつり合いを取り扱う静力学については古代においてもある程度正しい理解に達していた一方で，本書の中心課題であった運動そのものを取り扱う動力学については誤った解釈がなされていた。例えば第７章で見たように，地上で物体を動かす場合は摩擦力により減衰振動のような不規則的な運動となる。一方第８章で見たように，摩擦力が働かない天体の運動は規則的である。そのため古代の科学者は，運動には落下運動や天体の運行のような力の働かない「自然運動」と，物体に接触してそれを押したり引いたりする接触力を原因とする「強制運動」の２種類がある，という誤った見方をしていた。

この考えの背景となるのは，**アリストテレス**が持っていた「固有の場所」という概念であった。空間は一様等方で無限に広がっていると我々は考えているが，アリストテレスにおいて空間は宇宙の中心（地球の中心）のまわりに階層をなしているとされた。そして各物体はこの階層のなかに固有の場所を持っており，その場所にいる限り安定して静止状態にあるとされた。また固有の場所から移動させられた物体は元の場所に戻ろうとするが，これが自然運動であると規定された。一方で自然運動以外の運動は強制運動で，絶えず外力が働いているときにのみ生じると考えた。なおアリストテレスによると，月より上は一切の変化を免れた完全な世界であること，そして完全な世界に存在する天体の自然運動は円運動であるとされた。ルネサンスの科学者たちが最初に取り組まなければならなかったのは，動力学におけるアリストテレスの誤った見方からの脱却であった。

アリストテレスの考えの弱点は，投げられた物体の運動にあった。外力を働かせて物体を放り投げる運動は，明らかに強制運動である。アリストテレスの説明によると強制運動は外力が働かなければすぐに終わるはずであるが，実際には物体はしばらく運動し続けるため，この現象をうまく説明できていない。もちろんアリストテレスもこのことに気づいており，物体が進むことによって押しのけられた空気（媒質）が物体の後ろに回り込み，それが後ろから物体を押すことで運動し続けるという説明をおこなっている。しかしアリストテレスは他の箇所で，媒質は運動を妨げる原因であるとも述べており矛盾を起こしている。またアリストテレスの考え方では，回っているコマの運動については全く説明できない。

アリストテレスに対する最初の一撃は，14 世紀のフランスの司祭**ビュリダン**によって提案されたインペトゥス理論である。物体は運動の初めに与えられた駆動力によって運動を続けるとビュリダンは考え，その駆動力を「**インペトゥス**」と呼んだ。ビュリダンはインペトゥスにより，投射体の運動を定性的に説明することに成功した。ただし彼にとってインペトゥス理論はアリストテレス説の修正に過ぎず,「運動」と「静止」を質的に全く別物と見なすアリストテレス的な基本理念は保ち続けたままであった。

次の一撃は，**コペルニクス**とケプラーによって引き起こされた自然運動に対する疑念である。アリストテレスの地球中心説に対して太陽中心説を唱えたコペルニクスに続き，ケプラーは第 8 章で述べたケプラーの法則により，天体がもつとされた円運動などに代表される自然運動の特徴を否定した。この事実によりアリストテレスの自然運動の原理が捨て去られ，天体運動もなんらかの力が働いているという見方がなされるようになった。ケプラー自身は太陽の自転を予想し，その自転によって引き起こされる遠隔力が惑星を動かすと考えるにとどまり，それ以上の思索はしなかったようである。

さらに大きな歩みが，本書の第 7 章に登場したガリレオによってなされた。最初ガリレオは先に述べたインペトゥス理論の信奉者であったが，徐々にインペトゥスから離れ，慣性の法則に近づいていった。数学を使用した新しい力学理論を提唱するうえで大きな役割を果たしたのは，本書の第 5 章で述べた自由落下の運動である。ガリレオの思索を，彼の主著である『新科学対話』から見ていこう。『新科学対話』は 4 日間にわたる対話形式で話が進められ，登場人物はベネチア市民のサグレド，新しい科学者のサルヴィヤチ，古い哲学者のシムプリチオの 3 人である。4 日間の対話のうち，第 1 日と第 2 日は主に静力学に関する議論がなされているため，ここでの議論の中心から外れる。ただし第 1 日の後半には，重い物体ほど速く落ちるのかという極めて興味深い内容に関する議論がなされている。

第 3 日と第 4 日が動力学にあてられているが，ここで彼は自由落下の際の速度が時間と共に増加する，つまり

$$v \propto t \qquad (15 \cdot 1)$$

という仮定から，落下距離が時間の 2 乗に比例する，つまり

$$s \propto t^2 \qquad (15 \cdot 2)$$

という正しい関係式を（微積分を使わずに）幾何学的な方法で導き出すことに成功している。また第 4 日では放射体の運動が論じられ，その運動が本書の第 5 章で述べた放物運動であることを証明している。なおその際には放射体の運動を，水平方向の等速直線運動と鉛直方向の加速運動に分けて考えていることは,注目すべきである。さてガリレオは慣性の法則を思わせるような記述を所々でしているが，その際の前提として物体の運動は地球表面に沿った球面を考えていることを理解しておく必要がある。つまり残念なことに，本書の第 4 章で述べた慣性の法則には，ガリレオは到達できなかったのである。なお慣性の法則に初めて到達した人物は，本書の第 6 章に登場するデカルトである。そのため力学理論の形成におけるデカルトの果たした役割は極めて大きいといえる。ただしデカルトの力学理論には力の概念がなく，正しい力学理論の構築はニュートンによってなされることになる。

ニュートンが打ち立てた力学理論は本書で詳しく述べたため，ここではその内容は繰り返さず，まずはその歴史的な経緯のみ見ていくことにする。ニュートンはさまざまな手稿を残したが，特に重要なものが 1665～1666 年のものである。そこには本書の第 4 章で述べたニュートンの 3 法則が含まれており，この時点ですでに力学理論の本質的な部分が完成していたことがわかる。しかしその後 10 年以上にわたり，ニュートンは力学に触れることはなかった。ところが本書の第 7 章に登場したフックとの論争において，ニュートンはケプラー

運動の重要性に気づき，1679年の12月末にはケプラーの第1，第2法則の力学的証明に達した。なおニュートンの力学理論が書かれた体系的な書物『プリンキピア』が出版されたのは，1687年である。

最後になるが，ニュートンは『プリンキピア』で**絶対時間**と**絶対空間**という概念を初めて導入した。ニュートンによれば，絶対時間はいかなる観察者とも無関係に存在し，任意の場所で一定の早さで進んでいく。一方で絶対空間とは，外部と一切かかわりなく不変不動を保つ空間である。絶対空間の概念は常に厳しい批判にさらされてきたが，その詳細はあとで紹介する。

解析力学の誕生

ニュートンの『プリンキピア』の記述方法は幾何学的であるが，本書を含む通常の初等力学の教科書の記述方法は解析的である。初等力学をこのような解析的な形にまとめ上げたのは，ヨーロッパ大陸の数学者たちであった。彼らは単にニュートンの力学の範囲内で力学理論の解析化を押し進めただけでなく，あらゆる問題に適用できる普遍的な原理を追求するという体系化を進め，現在「**解析力学**」と呼ばれる極めて洗練された新しい力学理論を作り上げた。初等力学を学び終えたら，次にマスターすべきは解析力学であるので，ここではその歴史をたどることで次の旅への準備としたい[44]。

力学理論の解析化の第一歩を踏み出したのは，本書の第13章でも触れた仮想仕事の原理を打ち立てたヨハン・ベルヌーイである。**ベルヌーイ**以前にも仮想仕事の原理に気づいた人たちはいるが，そこに静力学の原理を求めようとしたのはベルヌーイが最初である。静力学の場合，仮想仕事の原理によって複雑な束縛条件があるときでも簡単に問題を処理できることは，本書の第13章で述べたとおりである。さらにベルヌーイはオイラー，ダランベールなどと同じく，本書の第10〜11章で述べた質点系の力学理論の構築にも貢献している。オイラーとダランベールは力学史において重要であるので，彼らの力学に対する貢献について，さらに見ていこう。

---

[44] 解析力学を学んでみたいと思われる読者の方には，拙著『Maximaで学ぶ解析力学』（工学社，2016年）をお勧めする。Maximaという無料の数式処理ソフトを利用する新しい学習方法で，素早く解析力学をマスターできるであろう。

本書の第5・14章に名前が登場するオイラーは，ヨハン・ベルヌーイの弟子であった。このオイラーこそ初等力学の解析化を進め，本書で学習したような整理された形にまとめ上げた人物である。彼は力というものを初めてはっきり定義したうえで，運動方程式を微分方程式という解析的な形で与えた。また本書の第11章に出てきた3体問題の定式化をおこなったうえ，第14章で論じた剛体の力学においてオイラーの運動方程式を導いた。また流体力学においても，大きな貢献をしている。体系化という観点でオイラーの業績をみると，天体・剛体・流体の運動を同じ原理・手法に基づいて論じている点に，目を引かれるであろう。

力学理論の構築に対する**ダランベール**の貢献も，無視できない。本書でも見てきたように，力学の問題で解析的に解くことができるのは，ほんのわずかである。そのためダランベールは1743年の『力学論』において，より多くの問題を解くことを可能とする一般的な原理，つまりダランベールの原理を導入した。本書の第9章でも述べたように，この原理によって慣性系から見た動力学の問題を静力学の問題に置き換えることが可能となり，問題を解くという意味において大いなる進展があった。またダランベールはニュートンの力学を肯定しながらも,そのなかにみられた神の影響を払拭した点においても重要である。さらに彼は啓蒙思想家ディドロらと一緒に『百科全書』の編集に取り掛かり，「力学」「原因」「加速的」など多数の項目を執筆した。そして力学は単なる実験科学ではなく，応用数学の第一部門であるとの説を主張した。

このような動きと並行して，**モーペルテュイ**によって最小作用の原理というものが打ち立てられた。最小作用の原理というのは，物体がＡ点からＢ点まで運動するとき，ある量が最小になるような経路が選ばれている，というものである。この量は運動エネルギーTから位置エネルギーUを引いたもの[45]を時間積分した物理量で作用Iと呼ばれている。数式で書くと

$$I = \int_{t_1}^{t_2} L dt \quad , \qquad L = T - U \tag{15・3}$$

となる。そして自然が従っているこの一般原則のことを**最小作用の原理**と呼ぶ。最小作用の原理に最初に言及したのはモーペルテュイが1744年に書いた論文

[45] この物理量Lを，ラグランジアンと呼ぶ。

であるが，彼が作用と呼んだものは上に述べた現代的なものではなく，速度と通過距離の積であった。残念ながらモーペルテュイは数式によって作用を定式化してはいないし，速度や距離が具体的には何を指すのかについても詳しくは述べていない。そのため，彼の最小作用の原理に関する表現は厳密性を欠いていたと言われている。

同じ頃，オイラーも独自に最小作用の原理に達していた。モーペルテュイが最初の論文を公表した数ヵ月後に,『最大または最小の性質を有する曲線を見出す方法』と題された本の中に，最小作用の原理に関する記述が見られる。そしてこの原理を用いて，実際に投射体の軌道を計算している。

モーペルテュイもオイラーも，最小作用の原理を神の存在証明であるという神学的なものと結び付けていた。この点を厳しく批判したのが，初等力学の確立後の最重要人物である**ラグランジュ**である。ラグランジュは最小作用の原理を，より一般的な形にした。さらに1788年に『解析力学』という書物を記し，ダランベールの原理から新しい力学理論であるラグランジュ形式の力学理論を作り上げた。この力学理論においては，運動方程式の変わりにラグランジュ方程式

$$\frac{d}{dt}\left(\frac{\partial L}{\partial \dot{x}_j}\right)-\frac{\partial L}{\partial x_j}=0 \qquad (15\cdot4)$$

が基礎方程式となる。ラグランジュ形式の力学を解析化という面で捉えると，図を一切使わず代数的・解析的な操作だけで力学のさまざまな問題を解くことができるようになったことがあげられる。また体系化という面で捉えると，静力学と動力学を同じ原理から出発して扱ったことがあげられる。ラグランジュは若い頃に変分法と呼ばれる数学理論を発見し，オイラーにその才能を認められた。またその後に出版した多数の論文を通じてダランベールからも高く評価され，親しい関係にあった。なおラグランジュはフランス革命で処刑されたマリー・アントワネットの数学教師でもあり，彼女の処刑を嘆き一生苦しんだといわれる。

ラグランジュ形式の力学は，その後**ハミルトン**によってさらに新しい力学理論となるハミルトン形式に書き換えられる。ハミルトンの運動方程式は運動エ

ネルギーと位置エネルギーを加えた物理量Hを利用して，以下のように書ける[46]。

$$\dot{x}_i = \frac{\partial H}{\partial p_i}, \qquad \dot{p}_i = -\frac{\partial H}{\partial x_i}, \qquad H = T + U \tag{15・5}$$

この方程式はラグランジュ形式からルジャンドル変換によって移行できるため，ニュートンの運動方程式，ラグランジュ方程式，ハミルトン方程式は全て等価であることがわかる。なおハミルトンは神童の誉れ高く，大学4年生で天文台長への就職が決まったほどである。そしてこの天文台長時代にハミルトン力学を作り上げている。ところが晩年は四元数というものにのめり込み，アルコール中毒となり孤独死するというさびしい最後を迎えた。なおハミルトン方程式は，**ヤコビ**によってハミルトン・ヤコビ方程式というものにも書き換えられている[47]。

力学批判

これまで述べてきたように，17世紀に打ち立てられたニュートンの力学は多数の科学者によりどんどん洗練されたものになっていった。またそれに伴い，力学理論は物理学の頂点を極める理論体系であるとみなされ，全ての物理現象を力学的法則に帰着させることが，物理学のあるべき姿であると考えられるほどになった。ところが19世紀半ばになると力学以外の物理学の他分野が発展し，それに伴い力学的自然観に対する一種の反動が，主としてドイツに起こった。一連の批判に共通するのは，ニュートン力学の諸概念が我々の経験を超えた形而上学的なものを含んでいること，そしてそれに対して経験に裏打ちされた諸概念から力学を再構成しようという態度である。

ニュートン力学に対する批判の第一歩は，**キルヒホッフ**によってなされた。キルヒホッフは『力学講義』のなかで，力学を我々の経験と直接結びつく概念によって基礎付けようとした。キルヒホッフは我々が知りうるのはある時刻に

46 この物理量Hを，ハミルトニアンと呼ぶ。

47 ここで述べたものは，19世紀末までの解析力学の歩みである。20世紀に入ると微分形式という新しい数学を用いて，解析力学の幾何学化が数学者の手によってなされていく。現代の解析力学は，より数学的に洗練されたものとなっている。

おける物体の位置変化のみであるから，力学理論の基礎となるのは時間・空間・物質という 3 つの概念だけであり，力や質量といったこれら以外の概念は不要なものか，またはこれら 3 つの概念から導かれるものであるとした。確かにニュートンの『プリンキピア』をみると，質量を密度に体積を掛けたものとして定義したり，また逆に質量を体積で割ったものを密度と定義したりという混乱が見られる。キルヒホッフは力学の目的は物体の運動を記述することにあると考え，力や運動の原因などの形而上学的な概念を捨て去ることに努めた。

力学理論についてキルヒホッフとは独立に，そしてさらに徹底的な批判をおこなったのが**マッハ**である。マッハは主に 2 つの観点から，ニュートンの力学批判をおこなった。最初は，キルヒホッフと同じくニュートンの力学理論が力・質量という形而上学的な量を含むことに関する批判である。加速度は距離に対する時間の 2 階微分という，はっきりした物理量である。本書の第 4 章でも述べたように，加速度を使うと質量が定義できる。そしてマッハは，力は質量と加速度の積として定義できるとした。次は，ニュートンが考えた絶対空間・絶対時間に対する批判である。ニュートンのバケツの実験というものがあるが，これは絶対空間に対して水を入れたバケツを回転させるとどのようなことが起こるのかに関する議論である。もちろんバケツの中の水には遠心力というの見かけの力が働いて，中央部分がへこんだ状態になることは誰でも理解できるであろう。ところが運動は相対的なので，バケツが静止しており全宇宙が回転しているとしても良いはずであるが，ニュートンによるとその際には遠心力という見かけの力は現れないとされた。しかし実際にはバケツの水はくぼんでいるので，そこに遠心力が働いていることがわかる。そのためニュートンはこれらの見かけの力の観察をもって，絶対静止系を決めることが可能だとしたのである 。一方でマッハは，ある物体の運動は他と比較できるものの存在があって意味をなす，つまり原理的にわかるのは相対運動だけであると主張した。バケツの回転について言うと，バケツが静止しており全宇宙が回転していたとしても，遠心力のような見かけの力がバケツの水に働くかもしれない，そんなことは起こらないという根拠はどこにもないとマッハは考えた。そしてニュートンの絶対空間を形而上学的なものと捉え，科学には不用であると論じた。

ニュートンの力学理論の最後の批判者として，**ヘルツ**を挙げよう。ヘルツは

1894 年に刊行された『力学原理』において，実際に観察できるもの（具体的には時間・空間・質量の 3 つの概念）だけで力学理論を組み立てようという立場をとった。そして直接観察できない力，ポテンシャル，エネルギーなどの概念をすべて排除しようとした。なお『力学原理』の中で彼が主張した力学の原理は，慣性の法則と最小束縛の原理[48]の 2 つであった。

カオスの発見

20 世紀に入ると，物理学は相対性理論や量子力学など，本書で扱った力学理論を超えて発展を続けていくことになる。そのため現在では力学は古臭い学問体系となったかと言えば，そうではない。力学における最も大きな進展は，カオスの発見である。ニュートンの力学では，初期状態と状態の時間発展を記述する法則（つまりニュートンの運動方程式）が分かると，未来が予測できる。その後の数学的に洗練された力学理論でも，この本質的な考え方にはいささかの変化もなかった。ところがこのような信念は，**カオス**の発見により否定された。カオスの最も大きな特徴は，初期状態のほんの少しの違いが，将来非常に大きな違いを生むというものである。わずかな誤差がやがて想像もつかないような大きな差になるため，カオスの発見は，未来の状態を予測するのは事実上不可能であることを意味する。

カオスの起源は数学，つまり 19 世紀の**ポアンカレ**の 3 体問題から始まる。ポアンカレの研究は，バーコフやスメール達に引き継がれ，力学系と呼ばれるカオスの数学的研究の基礎が形成された。自然科学としてのカオスの発見は，数理生態学者のメイや気象学者のローレンツなどから始まる。メイは，生物の個体数の変動を調べるための式をコンピュータで解いていた際に，カオスを発見した。ローレンツも同じく，コンピュータを用いて数値計算を行なっている際にカオスに出くわした。力学理論はその後，カオスと理論と共に発展することになる。なおカオスの発見には，本書の中核となるコンピュータが不可欠な役割を果たしたことを付け加えておく。

[48]「外力にさらされた相互に連結された質点系の運動は，その束縛を最小にする」という原理で，19 世紀最大の数学者であるガウスによって 1829 年に考案された。

15.2節　新たな冒険の旅立ちに向けて

ここまで力学理論に関する歴史を見てきたが,その後の物理学の中心は「力」から「場」に移ってきたことに注目すべきであろう。つまり一連の力学批判は,相対性理論などの現代物理学の理論を生み出す一因となったことを理解しておくことは，とても重要である。そして本書を読み終えた賢明なる読者の皆様におかれては，解析力学・相対性理論などのより進んだ理論をマスターする新たな旅立ちの準備を始めてほしい。もしかしたらより進んだ物理学の理論があることを知って，しり込みする読者もおられるかもしれない。そのため最後となったが，新しい旅立ちに向けて『指輪物語』のフロドとガンダルフの言葉を贈り，本書の冒険の旅を終えることにする。

> *「わたしは危険きわまる探索の旅をするようには生まれついていないんです。こんな指輪なんか目にしなければ良かったのに！なんでこんなものがわたしのところにきたんでしょう？なぜこの私が選ばれたんでしょう？」*
>
> *「そのような問いにはだれも答えられん。」とガンダルフは言いました。「ただ，そうなったのは何も，他の者が持たぬ長所のせいではないし，力や知恵のせいでもないことは，自分でもしかとわかっておろうな。しかしあんたはすでに選ばれてしまった。そこであんたは，もてる限りの力と勇気と知力をふるいたてなければならんのじゃ。」*
>
> 指輪物語（瀬田貞二・田中明子 訳）より

［対話１５－１］(Bon_voyage.java)

「ボン・ヴォヤージュ」とディスプレイに出力するプログラムを作成せよ。

```
public class Bon_voyage{
        public static void main(String[] args) {
                System.out.println("ボン・ヴォヤージュ！");
        }
}
```

おわりに

読者の皆さんにとって，コンピュータと対話する 15 日間の冒険の旅はどんなものだっただろうか。初等力学または Java の予備知識がある読者にとっては楽しい旅であったのではと期待しているが，両者の予備知識がない読者にとってはやや困難な旅であったと想像できる。あまりに困難に感じた場合は無理をせず，まずは本書の初等力学の部分を一通り読むという近回りの旅をおこなったうえで，改めて全体の旅に挑戦してみてほしい。また本書を読み終えられた読者には，さらなる高い目標に向けて進んでほしいと熱望している。

本書で強調したかったのは，プログラミングの大切さである。著者が大学を卒業した 30 年程前と現在では，コンピュータを取り巻く状況が激変したにもかかわらず，大学の初等力学の教育内容はほとんど変化がない。また大学初等教育におけるプログラミング教育は改善の余地があり，大学生はより早い段階でシミュレーションがおこなえるレベルに達する必要があると著者は信じる。本書はボリューム・レベルの両面において極めてささやかなものであるが，大学教育におけるプログラミング教育を強化する一助となればと願っている。

本書を書くにあたり，既存の教科書・参考書，及び多数のウェブサイトにお世話になった。すべてを挙げると膨大な数になるため，特にお世話になったものだけ，巻末に載せておいた。初等力学の書籍で古いものは絶版になっていて入手困難と思われるが，図書館等でみることは可能であろう。また Java を解説したウェブサイトは多数存在しており，そのどれもが有益であった。なお本書には，秋田大学で筆者の授業を受けてコメントをくれた学生諸君の言葉が盛り込まれているが，それこそが最大の参考文献であることを述べておきたい。

最後になるが，いつも家庭を守ってくれている優しい最愛の妻「晴美」に感謝して，本書を終えることにしたい。

研究室の窓から見える秋田の空を眺めながら

上田晴彦

参考文献

ガリレオ・ガリレイ：『新科学対話』，　岩波書店，(1949年)
菅原仰：『力学史』，小山書店（1957年）
広重徹：『物理学史』，培風館（1968年）
後藤・山本・神吉：『詳解力学演習』，共立出版（1971年）
多田政忠編：『新版物理学概論』，学術図書出版（1975年）
平田邦男：『新／BASICによる物理』，共立出版（1988年）
神林・佐々木・内藤・渕上：『コンピュータ物理の世界』，講談社ブルーバックス（1990年）
岡田・川田：『シミュレーション物理学３　力学』，近代科学社（1991年）
トールキン（瀬田・田中 訳）：『新版 指輪物語』，評論社　（1993年）
堀源一郎：『力学』，放送大学教材（1997年）
ゴールド・トボチニク（石川・宮島 訳）：『計算物理学入門』，ピアソン・エデュケーション（2000年）
川上正之：『パソコンでこまを回す』，近代文芸社（2005年）
John R. Taylor：『Classical Mechanics』，University Science Books（2005年）
ゴールドスタイン・サーフコ・ポール（矢野・渕崎・江沢 訳）『古典力学』，　吉岡書店（2006年）
結城浩：『Javaプログラミングレッスン』，ソフトバンククリエイティブ（2012年）
表實：『力学がわかる』，技術論評社（2013年）
中山・国本：『スッキリわかるJava入門』，インプレス（2014年）

EMANの物理学：http://homepage2.nifty.com/eman/
初心者のためのJava SEプログラミング入門：
http://libro.tuyano.com/index2?id=4001

補章　エディターと Java のインストール

本書をもとにコンピュータと対話するには，エディターと Java のインストールが必要となる。それぞれ簡単に説明するので，是非自分のパソコンの環境を整えてほしい。

補 1　エディターのインストール

エディターについては，使いやすいものなら何でもよい。もし手持ちのパソコンに新たにエディターをインストールするなら，寺尾進氏が開発した Terapad がお勧めである。行番号やルーラーの表示などがあり Java のプログラム作成なら，これで十分である。Terapad は以下で入手できる。

http://www5f.biglobe.ne.jp/~t-susumu/

補 2　JDK のインストールと環境設定

Java でプログラムを作成するためには，Java 開発者向けの様々なツールが梱包された JDK をインストールする必要がある。インストール後は，環境設定をおこなうことも忘れてはいけない。ここでは順を追って説明しよう。

補 2.1　JDK のインストール

下記の URL より，該当する JDK の最新版をダウンロードする。

http://www.oracle.com/technetwork/jp/java/javase/
overview/index.html

最新版が多数あるので，どれが自分のパソコンに該当するものなのか迷うかもしれない。例えば多くの人が利用していると想定される Windows 64bit 版であれば，以下が相当する。

jdk-8u144-windows-x64.exe　（2017 年 8 月時点）

ファイルのダウンロードが完了したらファイルをダブルクリックしインストールを開始する。（インストールが自動的に行われる。）

補 2.2　環境設定

次に Java の環境変数の設定をおこなう。コントロールパネルの「システム」をクリックし，左側にある「システムの詳細設定」をクリックする。「システムのプロパティ」という別ウィンドウが開くので，その中にある「環境変数」をクリックする。するとさらに「環境変数」の設定画面が表示される。

この設定画面の「システム環境変数」の項目部分にある「新規」を押し，「JAVA_HOME」という変数名を追加する。また変数値に JDK のインストール先

「C:¥Program Files¥Java¥jdk1.8.0_144¥」

を入力する。最後に「OK」を押し値の追加を確定する。

最後に JDK 関連のファイルの実行用に，「Path」の値を変更する。まず「システム環境変数」のなかにある「Path」を選択し，「編集」を押す。

「;」を入力後に JDK をインストールした「C:¥Program Files¥Java¥jdk1.8.0_144¥bin」を入力する。その後「OK」を押し，値の修正を確定する。

なおここで設定した「環境変数」を有効にするためには，OS を再起動する必要がある。再起動の後は，Java が使える環境が整っているはずである。

索引

【か行】

【さ行】

【た行】

【な行】

【は行】

【ま行】

【や行】

【わ行】

本書に掲載しているプログラムについては，以下のURLからダウンロードしてください。

http://ene.ed.akita-u.ac.jp/~ueda/ueda/menu4.html

◉著者略歴

上田 晴彦（うえだ はるひこ）

1965年1月4日生まれ。大阪市出身。
京都大学を卒業後，広島大学 理論物理学研究所にて宇宙物理学の研究を始める。
京都大学 理学研究科 宇宙物理学教室でのポスドクを経て1995年より秋田大学に研究の場を移し，2010年に教育文化学部の教授に就任。大学生のプログラミング教育に興味があり，秋田大学の教養教育において「コンピュータシミュレーション入門」を担当。

著 書 『インターネット望遠鏡で観測！ 現代天文学入門』
（共著，森北出版）
『Maximaで学ぶ解析力学』（工学社）
訳 書 『古代文明に刻まれた宇宙 ―天文考古学への招待―』（青土社）

Javaで初等力学シミュレーション
コンピュータと対話する15日間の冒険の旅

2018年1月5日 第1版第1刷発行

著 者 上田 晴彦
発行者 麻畑 仁
発行所 (有)プレアデス出版
〒399-8301 長野県安曇野市穂高有明7345-187
TEL 0263-31-5023 FAX 0263-31-5024
http://www.pleiades-publishing.co.jp
装 丁 松岡 徹
印刷所 亜細亜印刷株式会社
製本所 株式会社渋谷文泉閣

落丁・乱丁本はお取り替えいたします。定価はカバーに表示してあります。
ISBN978-4-903814-86-5 C3042 Printed in Japan